掌控情绪

别让坏情绪毁了你的努力

吴 玲/著

中华工商联合出版社

图书在版编目（CIP）数据

掌控情绪/吴玲著. —北京：中华工商联合出版社，2021.7

ISBN 978-7-5158-3052-0

Ⅰ.①掌… Ⅱ.①吴… Ⅲ.①情绪－自我控制－通俗读物 Ⅳ.①B842.6-49

中国版本图书馆CIP数据核字（2021）第129807号

掌控情绪

作　　者：	吴　玲
出 品 人：	刘　刚
责任编辑：	吴建新　林　立
封面设计：	周　源
责任审读：	付德华
责任印制：	迈致红
出版发行：	中华工商联合出版社有限责任公司
印　　刷：	三河市宏盛印务有限公司
版　　次：	2023年5月第1版
印　　次：	2023年5月第1次印刷
开　　本：	787mm×1092mm　1/16
字　　数：	190千字
印　　张：	14.5
书　　号：	ISBN 978-7-5158-3052-0
定　　价：	49.80元

服务热线：010－58301130－0（前台）

销售热线：010－58301132（发行部）
　　　　　010－58302977（网络部）
　　　　　010－58302837（馆配部）
　　　　　010－58302813（团购部）

地址邮编：北京市西城区西环广场A座
　　　　　19－20层，100044

http://www.chgslcbs.cn

投稿热线：010－58302907（总编室）

投稿邮箱：1621239583@qq.con

工商联版图书

版权所有　侵权必究

凡本社图书出现印装质量问题，
请与印务部联系。

联系电话：010－58302915

序 / 做情绪的主人

有些人会说，情绪好坏是自己的事情，不管是生气还是发脾气，都可以按自己的心情来。如果这样想，就大错特错了。在人与人产生关联的同时，就注定了我们不能够随心所欲，尤其是不能肆意妄为。一个无法掌控自己情绪的人，生活将会变成一团乱麻，毫不夸张地说，暴躁的情绪会毁掉一个人。

人有七情六欲，有各种情绪，也会做出各种反应，这都是寻常的事情。何谓人情？按《礼记》来讲，"喜、怒、哀、惧、爱、恶、欲，七者弗学而能"。存在虽然合理，但如果缺乏对情绪的管理，就会失去一大优势。

我们追求成功，而在努力道路上，最大的敌人不是能力低、阅历浅，而是缺乏对自己情绪的控制。情绪，是对一系列主观认知经验的通称，通俗来讲，就是我们的态度及做出的行为反应。不同的反应也将带来不同的影响，未发生的事情无法预知，但可以肯定的是，暴躁的脾气带来的多半是负面影响，这也是我们必须掌控情绪的理由。

戈尔曼在1998年发表了一篇名为《是什么造就了领导》的文章，他认为情绪是一种智力表现，尤其对于领导者而言，"情绪智力对于管理有效是必不可少的。领导的智力、技术、果断和有远见等都是成功所需要的，但并不充分，只有情绪智力才是辨别领导力的关键要素"。一个领导没有管控情绪的能力，也就是一个失败的管理者，这一点对于处在不同岗位、不同人生阶段的人来说，也具有指导意义。对自己的情绪都没有掌控力，就会在无形之中给自己增添许多麻烦，成为自己人生道路上的绊脚石。

《礼记》有云"心宽体胖"，情绪越舒畅，人就会偏胖，整个人就会看起来福气满满。反观一些骨瘦如柴、面黄肌瘦的人，就会觉得他们有些不一样。所以，控制情绪不但有利于人际关系，还能对自己的身体健康起到积极的作用。

千万别小看情绪，人活一生，方方面面都受其影响。情绪是你内在状态的表达，你安稳与否从情绪上一看便知，所以想要生活安稳有序，先管好自己的情绪，一切也就会朝着更顺心合意的方向发展。所谓运气，也是要靠自己的磁场来营造的，你的情绪理顺了，那么必然能够减少许多因为情绪失控而带来的麻烦。

林则徐脾气比较急躁，常会因为一两句话就怒火中烧，但自从发现发怒并无用处，反而还会让不怀好意的人拿来做文章后，便在自己的书房中挂了一块"制怒"的牌子。

做情绪的主人，不是变成没有喜怒哀乐的木头人，而是懂得让情绪收放自如。什么样的场合下，应该平静而非暴躁；什么样的情境下，应该昂扬而非低落……恰当地表达自己的所思所想，是管控情绪的目标。所以，千万不要让暴脾气毁了自己的人生。

木心在《素履之往》中写道："智者有朋侪，甚或知己。特大的智者总孤独，万一生于同时同地有二三子，他们的脾气，他们的脾气实在合不来——唯一的不智就在于此。脾气即是命运。"最后一句话尤为关键，脾气即命运，脾气决定命运。

目 录

Part 1 暴脾气从哪来

1. 我们到底因为什么不快乐 ………………………………… 3
2. 别让压力毁了你的好心情 ………………………………… 7
3. 往事不该成为你的心结 …………………………………… 11
4. 患得患失害人不浅 ………………………………………… 15
5. 不做完美主义者 …………………………………………… 19
6. 学会自省和反思 …………………………………………… 23

Part 2 别较真，放过自己

1. 量力而行，不要苛求自己 ………………………………… 29
2. 停止抱怨，让负能量停下来 ……………………………… 33
3. 较真只会给自己添堵 ……………………………………… 37
4. 抛开多余的担心 …………………………………………… 41
5. 情绪决定生活质量 ………………………………………… 45
6. 让过去教会你成长 ………………………………………… 49

7. 寻求主动沟通 ·················· 52

Part 3　改变暴脾气从改变自我开始

1. 给自己一个平复情绪的机会 ·················· 59
2. 急躁只会让事情变得更糟 ·················· 63
3. 犯不着为小事暴跳如雷 ·················· 67
4. 遵守成人社交礼仪 ·················· 71
5. 不做"隐形贫困人口" ·················· 75
6. 打造有趣的灵魂 ·················· 78
7. 慢条斯理表主见 ·················· 82

Part 4　包容之心能够消除戾气

1. 别拿别人的错误惩罚自己 ·················· 89
2. 别被嫉妒冲昏头脑 ·················· 93
3. 放下纠葛，让敌人变朋友 ·················· 97
4. 谦卑是一种能力 ·················· 101
5. 允许别人犯错 ·················· 105
6. 服软也没关系 ·················· 110

Part 5　心境决定眼界，眼界决定情绪

1. 苦中作乐，虽苦也甜 ·················· 117
2. 给自己多些鼓励和认可 ·················· 121
3. 换个角度看问题 ·················· 125

4. 吸收正能量 …………………………………………… 129

5. 正确面对批评，不做小心眼 ………………………… 133

6. 与自己和解 …………………………………………… 137

Part 6　顺其自然是一门学问

1. 知足常乐，剔除坏情绪 ……………………………… 143

2. 放得下是一种修行 …………………………………… 147

3. 吃亏未必是坏事 ……………………………………… 151

4. 该放弃就不要固执 …………………………………… 155

5. 失去也无所谓 ………………………………………… 159

6. 成事在天，胜负看开 ………………………………… 163

Part 7　管好情绪，先管好嘴巴

1. 说话时要控制自己的情绪 …………………………… 169

2. 不说伤人的话 ………………………………………… 173

3. 要善于倾听 …………………………………………… 177

4. 幽默感化解暴躁 ……………………………………… 181

5. 忍无可忍，可以直说 ………………………………… 186

6. 重压之下好好说话 …………………………………… 190

Part 8　摆脱暴脾气的调节术

1. 学会拒绝 ……………………………………………… 197

2. 接纳被拒绝 …………………………………………… 202

3. 简化生活，少即是多 …………………………………… 206
4. 换个角度看问题 ………………………………………… 210
5. 距离产生美 ……………………………………………… 214
6. 给自己安全感 …………………………………………… 218
7. 做个乐天派 ……………………………………………… 222

Part 1　暴脾气从哪来

脾气暴的人，说急就急，还没等其他人反应过来，他就已经开始发火了。但是冷静下来想想，好像又不是什么值得生气、发脾气的事。为了控制好我们的脾气，就应该先搞清楚坏情绪从哪里来，为什么会引发暴脾气，知道了这些就有助于我们管理好自己的情绪。

1. 我们到底因为什么不快乐

郁闷乏味的时候，暴躁焦虑的时候，无言以对的时候……静下心来，思考这样一个问题——我们到底因为什么不快乐？

是工作不顺心、老板太无情？是爱情不甜蜜、感情不顺利？还是因为别人违背了我们的意愿？对于这个问题，因人而异，确切地说，会有无数种五花八门的答案。我们身处无数种状况之下，也就有无数种不同的经历，复杂的维度相叠加，从而促成了种种不快乐。

当不快乐的情绪堆积在心里，就有可能在某个不经意的瞬间爆发，暴脾气一旦上来，说难听些，简直如同发疯了一般，不听劝，乱"咬"人。

想到我们的暴脾气会伤害家人朋友，会得罪领导同事，还会给自己带来一系列不必要的麻烦，真的应该深刻地反思一下，到底应该怎么改一改自己的暴脾气，或许某一次暴发的后果是我们难以承受的，与其到时候悔不当初，不如趁着现在还能意识到问题所在，下定决心从点滴做起，将我们自己打磨成一个能掌控自己情绪的人。

叔本华是德国著名的哲学家，在他的著作《人生的智慧》中，提到了一个被大众忽视的人生哲理，即在外在的事物和境遇相同的情况下，对于我们每一个人的影响也是不同的。我们虽然活在同样的环境下，但实际上，我们活在不同的世界中。听起来好像玄而又玄，但其实大有学问。之所以会这样，在于我们每个人对事物的看法不同、情感不同，直接决定了我们的心境不同。总的来说，就是我们到底生活在什么样的世界，取决于我们对这个世界的理解。

我们所经历的人生，毫不夸张地说，是由我们自己决定的，苦难相同的情况下，是那些能够乐观面对的人更有奔头。实际上，对于情绪的影响也是如此，为什么两个人经历相同的事情，一人几乎没有情绪起伏，另一人却暴跳如雷？正如叔本华认为的，"使我们快乐或者忧伤的事物，不是那些客观、真实的事物，而是我们对这些事物的理解和把握"。

因此，该如何控制我们的暴脾气呢？"擒贼先擒王"，我们自己的思想意识，就是暴脾气的掌控者，所以首先从自己的思想意识着手。

不为所动，免去情绪的大波动，由自身压制住暴脾气的释放，才是解决暴脾气的根本办法。人活一世，能够导致我们不快乐的因素数不胜数，就在无法逃脱的际遇中，唯有从根源解决，才能保护好我们的情绪，让暴脾气无从开始。

举一个简单的例子，阿欣和阿琳是好姐妹，两个人约好去逛街。在一家门店，人潮涌动，两姐妹进去后分别挑选了自己喜欢的衣服，由于顾客很多，试衣间门口也排起了长队。在等待的过程中，阿欣不断找来售货员，希望她去催催试衣间里的顾客，售货员只是敷衍了事，并没有采取行动。在一旁的阿琳则从始至终都很有耐心，还不停安慰阿欣。长时间的等待加上售货员的不理睬，阿琳实在忍不住了，直接冲售货员"开炮"，直言她不会做生意，嚷嚷着让她们的店长过来给一个说法。最终，店长赶忙过来调解，但结果也只是继续等待，阿欣气不过，拉着阿琳就离开了这家店。

售货员有错吗？没有，作为服务人员，她的身份也很难去催促其他顾客加快速度。其他顾客有错吗？没有，试衣服本来就是自己的权利。阿欣错了吗？是的，错在冲动，错在没有管控好自己的情绪，向无辜的人发脾气。为什么同样等了那么久，阿欣和阿琳却有不同的情绪反应呢？难道只是简单的一个脾气不好，一个脾气好的缘故吗？

当然不是，阿欣只看到了令她不愉快的地方，有了不愉快就要发泄，没有认识到实际情况是合理存在的，所以直接吵了起来，而阿琳能够平静地接受，所以并没有任何不愉快。或者换句话说，对阿欣来说，这件事值得生气，而对于阿琳来说，却不值得。

说来说去，我们都要清楚，我们快乐与否，不取决于外界，很大程度上，决定权在我们自己手里。该不该生气，值不值得生气，这是完全依靠自己去判断的，不要成为他人的看法和意见的奴隶。

当然，控制情绪不意味着一味压抑，重点在于"控制"二字。在产生负面情绪之后，有些人能够克制情绪不外露，但是把不满和怨恨积聚在心里，表面一团和气，实则满腹牢骚，这也不是解决问题的长久之道。除非一个人能一辈子忍气吞声，能从头忍到尾也算功力，但是绝大多数人做不到，可能一时忍下了，但不知何时就会暴发，相当于给自己埋下了一颗定时炸弹。

比如老张，不论是亲朋好友还是领导同事，没有一个人不夸他脾气和善，但老张的妻子了解自己的丈夫，他不是没有脾气，只不过自己闷在心里。时间长了，确实落下一个脾气好的名声，但多少次气得半夜睡不着觉，只有自己和最亲的人知道。

掌控情绪是为了从根本上疏解自我，要从内心里打开心结，真真正正做情绪的主人。

如果老张在遇到烦心事的时候，积极主动地沟通，用恰当的方式去化解矛盾，既不得罪人，也不会让自己生闷气，一举两得。当夜深人静的时候，内心是平和的、安稳的，而不是趁着夜色释放负能量。

无论身在何处，掌握情绪，避免暴脾气影响自己的办法，只能从我们自身寻找或者获得，绝不能依赖旁人。当我们能够通过自身的调节而改掉暴脾气之时，也就是我们人生的一大胜利，对今后的人生大有裨益。

之后再遇到生气的事，先问一下自己，值不值得发脾气？如果就是触及了你的底线，给你的人格造成了巨大的伤害，那就发脾气吧！大声嚷出来，宣泄出来。但如果是不值得的事情，那不妨试着控制自己的情绪。

遇事先别急着生气，这里可以给大家提供几条行之有效的方法，来舒缓自己的情绪。

第一，可以从至理名言中汲取能量，比如拿破仑说过"能控制好自己情绪的人，比能拿下一座城池的将军更伟大"；达尔文说"暴脾气是人类较为卑劣的天性之一，人要是发脾气就等于在人类进步的阶梯上倒退了一步"。

第二，适当发泄愤怒情绪，可以做运动，出汗的同时也把坏情绪释放出去；可以找朋友倾诉，听听朋友的劝解；还可以找个空旷的地方呐喊，把不满和气愤都喊出去。

第三，学会自我平衡，尤其是面对得与失的时候，处理不好就会造成焦虑和恐惧等一系列负面情绪产生，往往还会形成连锁反应，不如将得失看淡，人生也就更加自在。

第四，脾气上来的时候，可以转移注意力，将愤怒的点抛之脑后，选择一个能够让自己愉悦的出发点，进行自我调节。值得你开心的事情有很多，不妨试着用开心代替生气，等情绪平复下来之后，再着手解决。

我们的目标不是成为一个丢掉情绪的人，而是要通过对情绪的了解，去改变认知和习惯，从而不被情绪牵绊。

2. 别让压力毁了你的好心情

毫不夸张地说，活在人世间，压力人人有。男女老少，哪一个是无忧无虑的？

上学的孩子少不了来自学业和父母的压力，"别人家的孩子"就是一种看不见摸不着却实打实压在孩子肩膀上的压力；上班族的压力来自工作和生活，"生活"两个字让大家不得不苦撑着去拼搏，再加上催婚、催生的压力，稍微一想就觉得人生艰辛；哪怕是人到老年，不用上学，不用上班，不用被老板喊加班，但也担负着帮子女看娃、收拾家务等重任……

总而言之，背负压力是人生常态，如何平衡好压力所带来的负面影响，避免压力所带来的脾气躁动，就成了每个人的必修课。

让压力影响情绪，甚至出现暴脾气这样极端的负面情绪，这事值不值？你仔细想，本来就是日常的事物，何必为了它着急上火甚至动怒呢？想控制自己的脾气，先学会面对自己的压力，无压一身轻，脾气自然能够得到收敛。

小林在一家广告公司做文案，压力特别大，甲方的修改意见五花八门，没点儿耐性确实应付不来。小林已经从业四五年了，按理说也算是个经验老到的文案工作者了，但每次提起自己的工作，最常说的就是"压力大，每天都不开心，整个人都暴躁了"。试想一下，每天处在不快乐的情绪下，脾气能好得起来吗？

面对甲方，小林有再大的委屈也不敢造次，秉承万事小心的态度，客客气气地解决一切问题，顶多隔着屏幕抱怨几句，但对待自己周围的人，可就换了副面孔，可以说是从低声下气的"仆人"变成了威风凛凛的"主人"。要是遇到稿子迟迟不过的情况，他就会整天阴沉着脸，任由自己沉浸在压力之中，对同事爱搭不理，就好像让他不高兴的事是同事造成的。对此，同事们早就摸清了他的脾气，要是看见他闷闷不乐的样子，都尽量不去招惹他，因为看他的状态就知道是没过稿正郁闷呢，为了防止自己被他的坏情绪波及，不如躲他远点儿。

小林的同事小周是一位设计师，同在一个公司、一样的工作环境，但两人的情况截然相反。一个是被压力折磨得不成人样，一个则视压力为无物，压力再大都不妨碍她每天该吃吃该喝喝，甚至有点儿没心没肺的样子。有一次，两个人一起负责一个项目，稿子修改了一轮又一轮，甲方的怒气在不断积累，创意总监的火气也马上就要兜不住了，此情此景，小林的情绪崩溃在即。有个同事遇到了着急的事，就拜托小林帮个小忙，没承想直接被小林怼了一顿。小林生气地质问她："我是你的助手吗，你看我是很清闲吗？天天找我帮忙，你也好意思！"劈头盖脸一顿骂，搞得同事莫名其妙。平心而论，她平时也没少帮小林的忙，没想到突然就踩了地雷。

小周见小林要收不住脾气了，出于好心劝了他几句，谁知小林并不领情，甚至扬言让她少管闲事。小周见状，也没多说什么，便回到自己工位继续改稿。事后，小林冷静下来，通过短信向小周道歉，直言自己因为稿子过不了所以压力比较大，没能控制好自己的情绪感到十分抱歉。小周只回复了一句，"工作而已，没必要"。

在小周看来，工作确实很重要，压力也是真实存在的，但放任压力影响情绪，这种事非常划不来。稿子没过，认真分析甲方的需求继续修改就好，哪有过不去的坎儿呢。像小林这样怼天怼地，不但让自己的情绪更糟，还会破坏同事关系，最后也没能解决问题，实在是得不偿失。

我们大多数人都更接近"小林"，芝麻大的压力也会让我们感到焦躁不安，当焦躁感慢慢堆积，最终就会在不经意的时刻爆发，一下子就破坏了本来和谐的人际关系。等火气散去，冷静下来才后悔自己的鲁莽和冲动，后悔当时说了不该说的话，发了不该发的脾气。

既然我们都清楚一时冲动会造成不必要的负面影响，为何不在一开始就学着控制自己呢？比起干预、操控别人，调整自己不是最简单可行的方法吗？你无法改变别人的言行举止，那就试着改变自己。常说要做世界的主人，其实仔细想想，先做好自己的主人才是正事。

俗话说，没有情绪的情绪就是最好的情绪，听起来感觉很拗口，但能保持平静如水的心情是多么可贵。正如无门慧开禅师有一首偈，开头两句"若无闲事挂心头，便是人间好时节"，所说世间的事都是闲事，没有什么不得了，不值得挂在人心头。

人生正是如此，比起生命的长度，生命的价值才是更重要的，你经历了多少"好时节"，又错过了多少"好时节"，完全在于我们自己的把控。将心态放平和，笑看人生，人生则时时都是好时节。

因为一点儿压力就破坏了这份平静，让好心情变得糟糕，那你真是自己给自己挖坑。今天你可能是冲着同事释放了自己的坏情绪，那么明天就可能是自己的亲人、朋友，他们又何其委屈，本来就已经承受着来自外界的各种压力，如今与你在一起，还要连带着承受因你所造成的负面情绪。如果说要善待自己的亲朋好友，那就从收敛自己的暴脾气开始；想收敛暴脾气，那就先解决自己的压力，让他们看到你的开怀大笑，而不是你的冷言冷语吧。

从现在开始，认真明确一件事，就是压力普遍存在，所以要想方设法调整好自己的心态。当意识到压力作祟的时候，就试着正面回击它，不要惧怕它，不要躲避它，无论用什么样的方式，自己试着去打败它，让自己重新获得情绪的掌控权。

没有毫无压力的工作，如果单纯是抵触压力，那你确实不合适工作。但既然要参与工作，依靠工作养家糊口，那就要学会解决压力、释放压力，而不是被压力折磨，然后累积成坏脾气再去折磨别人。

压力会让人变得焦躁，焦躁到一定程度就会影响人的情绪，如果我们从一开始就积极地调整自己，那么压力所造成的负面影响也就随之减少。为了自己，为了身边的人，给自己树立一个坚定的信念，告诫自己——无法正确面对压力的人，注定是要失败的。

3. 往事不该成为你的心结

往事如过眼云烟，已经成为过去的才称作往事，但有些往事在岁月的沉淀中，逐渐积累成我们的盔甲，让我们在复杂多变的世界中越挫越勇、所向披靡；有些往事则成了扎在心头上的一根刺，但凡想起就让人痛不欲生，绝对不能提，一提就崩溃。那我们静下心来想想，什么事值得如此持久地从负面影响我们？

"远离劝你大度的人"，这句话大家很熟悉，要远离那些并不了解全部真相却随便劝人大度的人。其实，是非对错尚且不论，单从我们本身说起，我们应该大度，这是对我们自己的一种爱护。

有一段《莫生气》，小时候读来只觉得顺口、有意思，但后来就开始感叹老百姓的智慧，在通俗易懂的言语中，处处都透露着大智慧，"人生就像一场戏，因为有缘才相聚。相扶到老不容易，是否更该去珍惜。为了小事发脾气，回头想想又何必。别人生气我不气，气出病来无人替。我若气死谁如意，况且伤神又费力。邻居亲朋不要比，儿孙琐事由他去。吃苦享乐在一起，神仙羡慕好伴侣"。

这段话囊括了多种人际交往的智慧，告诫我们要懂得珍惜而非斤斤计较，不要因为小事就发脾气，对自己是有害无益的。劝你打开心结，最终的目的不是为了让你原谅对方给你造成的伤害，而是为了让你学会放下执拗，还自己一个平和的心境。

同事之间往来密切，存在矛盾实属自然，但有些人能就事论事，有些人则过于"记仇"，一次矛盾就将对方视作"敌人"，明面上还算和睦，背地里却没少咬牙切齿。同在一个屋檐下，总会有往来，掌控不好就容易"旧事重提"。

小周和小赵同在一家互联网公司，一个在项目组做销售，一个在运营组做运营，在合作一个项目的时候，由于小赵的失误差点让小周背了锅，虽说小赵已经诚心诚意道歉，并主动承担了相应的责任，但是在小周眼里，小赵就好比"历史上的罪人"，实在没办法轻易原谅她。此后，但凡两个人在工作上有交集，小周都忘不了当初那件事，所以始终带着情绪，并且处处针对小赵，甚至故意为难她。

一次，小周出现了一个小疏忽，小赵好心提醒小周千万不能马虎，并督促她再多校对一遍。话音未落，小周冷嘲热讽地说："你还好意思提醒我？"小赵本是出于对工作负责的态度，正是记得自己之前出现过类似的错误，所以才在关键时刻提醒小周，就是不想让她再出错，谁知道她对上次发生的事仍旧耿耿于怀，将好心当成了驴肝肺。

这就是俗话说的"记仇"，芝麻大点的小事就变成了心结，也是典型的"拿别人的错误惩罚自己"，让自己整日活在记恨、埋怨的情绪里。如果能够敞开心扉，将之前的不满都说出来，重新接受对方真诚的道歉，于人于己都是最佳的选择。

实际上，工作上的事情还好排解，最难解决的是"为情所困"。人都是复杂的动物，不同的人就有不同的思考模式，所以很难一概而论。但是，对于"情"这个字，每个经历过的人都会有着同样深刻的记忆。只不过有些人能够坦然放下，继续自己新的人生，而有些人则十分在意。

小琳在结婚之前，了解老公小刘的几段感情经历，但当时的她并没有过多计较，她自己也有几段感情经历，也曾爱错人，错付真心，所以能够理解并接受小刘的感情史。小刘还曾称赞过她的大度，但结婚之后，这反而成了她的心结。

一次，小刘抱怨小琳厨艺不好，做的饭菜不合口味，小琳又是生气又是委屈，自己结婚前从来没有做过饭，结婚之后为他亲手做羹汤，不但没有让他感动，反而被挑剔，气不打一处来，直接嚷道："去找你那些会做饭又做得好吃的前女友们吧！"说完转身就走了，小刘一脸无辜，实在不知道自己说错了什么以至于让她这么生气，来不及多想就赶紧追了出去。

面对服软的小刘，小琳不但没有心软，反而一桩一桩数落起小刘的错事来。她的指责让小刘难以接受，婚前已经向小琳坦白过，他从来没有故意隐瞒过自己的感情经历，况且自己之前恋爱都是光明正大的，即便是最终没能修成正果，也都是寻常人会出现的情况，但如今小琳一而再再而三地旧事重提，还闹得如此不愉快。

他原本以为自己娶到了一个善解人意的妻子，与那些揪着往事不放的人不一样，还以为她懂得感情的可贵，却没承想婚后会是截然相反的样子。随着小刘的态度越来越强硬，小琳情绪也更激动了，话不投机半句多，直接提出了离婚。小刘也正在气头上，大嚷着"明天就去"。就这样，一对刚结婚不久的小夫妻，蜜月期还没过去呢，却因为已经过去的事闹到了离婚的地步。

常说往事随风，已经发生的事就是过去了，何必困在过去、画地为牢呢？不如平心接受现状，坦然面对现实，好好把日子过好。

朋友 A 和朋友 B 原本是关系不错的朋友，但却因为早年的一点儿小事闹了矛盾，十多年过去了，双方仍在互相埋怨。当时，朋友 A 家中有事急需一笔钱，朋友 B 听说后立马筹钱，很快就把钱凑齐了，帮他解决了大问题。朋友 A 也懂得知恩图报，不仅尽快还清了这笔钱，还陆陆续续送了朋友B不少东西。几年后，朋友B需要借钱，自然首先想到了朋友A，找到他后就开门见山地说了自己的处境，但他却没有痛快答应，而是支支吾吾地拒绝了借钱的请求。他也讲明了自己的情况，家里近几年开销大，着实没有多少存款，而且最近准备更换一批家用电器，所以手头没有多余的钱可以借出去。

被朋友拒绝后，B当时没说什么，回到家后却一肚子气。他认为，当初朋友有难，他想方设法帮忙凑钱，甚至自己也出去借钱。如今，自己有了困难需要对方帮忙的时候，得到的却是拒绝。他越想越觉得吃亏，觉得这个朋友交错了。后来，朋友B还和其他朋友说起此事，大家都觉得A不讲义气。A也委屈，他觉得自己确实没有能力帮忙，可B却不理解自己，一味地认为是他故意不帮忙。

事情不大，但伤害不小。本是可以互相帮扶的朋友，却因为一点儿小事闹掰了，不仅丢了友情，还让不愉快持续至今。没有借到钱是小事，丢了朋友是大事，甚至要用人生许多宝贵的时间来不断回顾这段不愉快的经历。

为往事纠结，是常见的一种情绪，但是唯有战胜负面情绪，才能做到真正洒脱。同样的人生际遇，活得舒心的也多是豁达的人，不如意之事十之八九，能够及时放下也是一种福气。

4. 患得患失害人不浅

有得必有失，这是人生常态，而将得失看淡，是一条非常重要的准则。一个人过于在乎得到，又无法放下失去，二者无法得到平衡时，就会变得患得患失。当一个人被患得患失所支配时，伴随而来的是紧张、焦虑的情绪。长期处在过度紧张之下，整个人会愈发情绪化，并容易失控。

一旦情绪不受自我控制，对工作和生活都会有大影响。

得与失时时刻刻都会发生，这一刻你得到了什么，或许在下一刻又会失去些什么。人生兜兜转转，就是一个不断得到和失去的过程，如果你能领悟得到与失去并肩存在，必然能够免去许多忧愁烦恼。如果看不开、看不破，就会在得失的计较中脱不开身，庸人自扰。

曾经有则新闻报道，美国知名高空钢丝表演者瓦伦达，在一次重大的演出中不幸失足身亡。面对这场悲剧，瓦伦达的妻子曾经说过，她从一开始就知道会出事，因为他在上场之前，一直在反复重复一句话"这次太重要了，绝对不能失败"。如此紧张的状态，是他在其他表演中所没有过的，所以之前能够专注于自己的表演，抛开胜利或失败的念头。这一次，他过于在意结果，所以在表演时分了神，导致最终付出了生命的代价。

患得患失，往往事与愿违。众生皆是肉眼凡胎，要论为人处世的通透，必然还有许多值得修炼的地方，可如果没有意识到自己得失心过重，也就彻底失去了参透得失意义的机会。一个能够以平和的心态对待得失的人，也就能够在关键时刻掌控自己的情绪，不做情绪的奴隶，也就能活得自在快活。

我的朋友小泽28岁，恋爱三次，历经感情千辛万苦步入婚姻，最后却仍以离婚收场。认真分析起来，多半是她的原因，虽然一心一意全身投入，却败在了自己敏感多疑的毛病上。她的丈夫是一名健身教练，不仅自身条件优秀，指导学员练习时又能准确指出需要改进的地方，非常受女学员欢迎。

有一次，小泽去丈夫上班的健身房等他下班，发现有一个女学员与她的丈夫互动频繁，这让小泽醋意大发，回到家后，小泽质问丈夫那位女学员是谁，知不知道他已经是已婚男士。面对小泽来势汹汹的拷问，小泽的丈夫解释说，那位女学员是一位VIP学员推荐来的，之后可能会购买他的私教课，所以才会对她多一些关照。小泽接受了他的解释，但此后多次借着等他下班的名义观察其他学员，但凡发现自己觉得不对的地方就大闹一场。

丈夫知道她是在意自己，所以没有多说什么，每次都是耐着性子去解释，想方设法哄她开心，在工作期间也尽量避免与个别女学员有过多接触。但即便如此小心翼翼，还是没能让小泽彻底放下戒心。每晚临睡前，小泽都会检查丈夫的手机，翻看他的聊天记录，似乎不是为了验证丈夫的忠心，倒更像是一定要找到他出轨的证据。

在严防死守之下，小泽愈发警惕，似乎把所有年轻漂亮的女性当成了自己的假想敌。一次，小泽问丈夫，在学员中有没有比她更漂亮的，丈夫心直口快说了句"有"。这下让小泽和他冷战好几天，等到愿意交谈的时候，说出去的话却句句伤人。一来二去，夫妻之间不信任的感觉越来越强,以致到了下班点也都不愿意回家。最终,小泽和丈夫选择彼此放过。

对于感情来说,频繁的情绪化只会加速消耗彼此的热情,毕竟谁也不愿意跟一个情绪喜怒无常的人共度余生。

谈过恋爱,也步入婚姻,最后却仍落得孤身一人的地步。是爱得不够吗?我看未必,根本原因还是在于患得患失,宁愿凭借一次又一次的吵架去评判对方对自己到底有多在乎,也不愿心平气和地坦诚相对。担心对方爱得不够深,担心对方不能忠心,担心对方失去底线……太多担忧和焦虑,酿成情绪的崩溃。

小玉和小月同在一家销售公司,近期公司准备提拔一批新的中层干部,两个人正好是竞争对手。比起小月,小玉更在意这个机会,毕竟自己年过三十,又未婚未育,实在很需要一个提升的机会。从个人能力而言,小玉也占优势,处事老到、业务能力也强,但小月也有自己独有的竞争力,她家在本地,人脉资源比小玉要丰富,为人随和,领导同事都非常看好她。

眼看着公布任命结果的日期越来越近,小玉非常焦躁不安,唯恐让小月抢了机会。一天,小玉原本是想找个机会单独和领导沟通,试图给自己争取一下,刚走到领导办公室门口,就看见小月正在屋内和领导有说有笑地聊着。小玉看在眼里,气在心里,扭头就回到自己的工位上,越琢磨越不是滋味。不多会儿小月就回来了,小玉认为小月刚才是去巴结领导,好夺走这个机会,便冷嘲热讽地说:"有些人没有真本事,背后溜须拍马倒是一流。"

小月一时没搞清楚状况,小玉接着说:"要竞争就要光明正大,背后搞小动作算什么能耐?"如此义正严词的小玉,忘了就在刚刚,她还想着去私下找领导争取机会的事了。小月这才反应过来,小玉挖苦的人就是她啊,便解释说:"我坦坦荡荡,你爱说什么就说什么吧。"这种无所谓的态度更是激怒了小玉，直接嚷嚷道："我可没见过坦荡的人能有你这么厚的脸皮。"话音未落，领导走了过来，说道："说谁厚脸皮呢？工作不忙吗，还有闲工夫嚼舌头。"小玉一听，赶紧埋头干起活来，脸色一阵红一阵白。

转眼到了公布结果的日子，一家欢喜一家愁，小月正式进入中层干部的梯队，小玉不但落选，还被领导约谈，批评她破坏团结，并且明确告诉她，原本是打算把提拔的机会给她的，但是看她那一副指桑骂槐的样子，是不够资格担任中层领导的。

强敌在前，诚惶诚恐，自乱阵脚，最终输得很彻底。想要得到，就要沉得住气，只有怯懦的人才会战战兢兢地等待结果，甚至心神不宁，做出一些蠢事。

诗人安瓦里索赫的忠告："让世俗的万物从你的掌握之中溜走，不必去忧心，因为它们没有价值；尽管整个世界为你所拥有，也不必高兴，尘世的东西只不过如此；我们该从自己的心灵之中找归宿，快乐一些，无物有价值。"

有所求是人之常情，有所惧也如此，惧不公、惧离别、惧失去，但如果因此丧失理智，被不安牵着鼻子走，那所求也未必如愿，所惧反而更加可惧。

5. 不做完美主义者

追求完美是一种优点，一般精益求精的人都有出众的表现，但一旦过度就会跨过临界点而变成缺点，不但为难自己，还会伤害别人。避免过度追求完美，切记一句话"尽人事，听天命"，你的行动已经到位，那么对于结果就大可以放宽心。

生活中，完美主义者并不少见，其通常释义是，与人们所说的强迫症近似，是一种建立在处处不满意、不完美之上的，极度追求完美、毫无瑕疵的想法，是由于处于极端的环境缺乏沟通、缺乏安全感而形成的。说得通俗易懂些，就是一种发生在我们日常生活或者工作中的，对偏离或者失败的担心，其根源在于安全感的缺失。

许多完美主义者，对自己极为严苛，所以他们处处思虑周全，有着一般人没有的谨慎，可一旦出现失败或是没能遂意的事，就会引发焦虑，还有可能陷入严重的自我否定中出不来。

你是一个完美主义者吗？你会不顾一切地追求完美吗？关于完美主义者的判定，可以参考以下10个问题。

（1）当你在工作的时候，别人说话或打岔时是否会破坏你的注意力，从而使你感到愤怒？

（2）当你在计划购物时，是否不愿理睬促销人员，而是自主进行寻找并最后自己决定？

（3）你是否厌恶那些生活随性的人，并且暗自批评他们对自己的生活太不负责任？

（4）你是否不停地想，某件事如果换另一种方式，也许会更加理想？

（5）你是否经常对自己或他人感到不满，因而经常挑剔自己或他人所做的任何事？

（6）你是否经常顾及别人的需求，而放弃你自己的需求和机会？

（7）你是否经常认为干任何事都要全力以赴，却又常常希望你自己能够也轻松些？

（8）你是否常常在心里计划今天该做什么明天该做什么？

（9）你是否经常对自己的服装或居室布置感到不满意而经常进行变动？

（10）当别人没能一次性就把事情做好，你会亲自去重做这项工作吗？

当你的答案有五个及以上是肯定的时候，那你也就存在完美主义的倾向，不过尚且不必担心，只要你能够控制好一个"度"，那么你的习惯也将变成一种优势。

完美主义者习惯于"难为"自己，为了追求完美，大事小情都容不下一点瑕疵，处处谨慎、事事在意。如果事情进展顺利获得一个不错的结果，那么对于他们来讲是一种肯定和鼓励，下一次做事情会更加"苛刻"，但如果事与愿违，那么带给他们的就会是强烈的情感冲击，有些会否定自我的能力，有些则会耿耿于怀，有些则是背负了巨大的压力。

有一名大学生，他的成绩在班级名列前茅，每到期末考试，他都会感到非常紧张，唯恐自己的成绩不理想或是被其他更优秀的同学超越。临近考试时，他经常会感觉情绪低落，他希望自己的成绩一直保持年级第一，如果是年级第二也会让他感到沮丧。为了能够保持优异的成绩，他极度压缩自己的睡眠时间，偶尔还会通宵复习功课。但努力的结果时好时坏，获得他梦想的第一时，他也高兴不起来，自己一个人闷闷不乐；有时候考了第二，整个人更是没精打采，他就开始怀疑自己是不是注定没出息。与他相处久了的同学，都认为他给自己的压力太大了，一心就想成为那个无可挑剔的人，但却没有做好接纳不完美的准备。

老师和同学们都很难理解，为什么如此优秀的人会有这么大的压力。他认为是自己不够优秀，也没有付出足够的努力，以至于没能获得理想的结果，所以开始质疑自己是不是真的努力付出了，又或者是不是因为自己太过蠢笨。他从追求完美，慢慢变成了一种超出常态的苛刻，归根结底，还是他对自己不认可。

掌握好完美主义的度，你会获得源源不断的动力，激励着你去挑战自我，战胜接踵而来的坎坷挫折。然而，当你超出那个合理的度时，你将被完美主义绑架，成为盲目追求完美的人。只懂得追求完美的人，其实也就错过了人生的许多精彩。

完美主义者事事追求完美，与此同时，他们对事事都不满意，这样一来，就形成了深深的矛盾。况且，世界上并不存在所谓完美的事物，如果穷尽一生都在计较完美与否，过度追逐一个不切实际的梦，不仅让自己疲惫不堪，也容易让周边的人厌烦。

在心理学家看来，过度追求完美是一种病态心理，要试着降低标准，试着去接受不完美。

在心理学家的研究下，可以将完美主义者分为三类。

第一类是自我型，给自己设立远大的目标，并为之努力全神贯注于追求完美这件事，给自己施加巨大的压力，时常沉浸在自我批判中，对自己处处不满意，也就对自己愈发失望。

第二类是认为他人对自己有较高期望，所以不敢有丝毫懈怠，为了满足他人的期许，唯恐有些地方做不好，让别人觉得自己愚蠢，久而久之，为人处世力求完美，有困难也不敢向他人求助，只能自己硬扛。

第三类是将完美主义强加到别人身上，用自己的高标准去要求别人，属于"己所欲则施于人"，要求自己做到，也同样如此要求别人，这类人在人际交往中不好相处。

周姐就是一个典型的完美主义者，她对完美的追求渗透在工作和生活的方方面面中。对待工作，周姐一丝不苟，入行十多年，极少犯错误，这源于她对自己有着极高的要求，这是追求完美的积极作用。在外人看来，周姐是个女强人，似乎没有她做不好的事情，实际上，只有她自己知道背后的辛苦。为了出色地完成工作，她会不厌其烦地返工重做，一遍又一遍，直到满意为止。这种精神可嘉，但有很多时候却是对时间和精力的一种浪费。

其实可以理解，在我们周边的朋友圈中，大多展现着各自完美光鲜的一面，大家似乎都如此完美，有幸福安稳的生活，有前途似锦的工作，有一群知心的朋友，还有似乎花不完的钱……如果比照着其他人，我们自己的生活似乎千疮百孔，工作上处处不顺，生活中一堆烦心事，压根与完美不沾边，所以我们在其他人营造的压力氛围下，继续向自己施压。

实际上，大家只看到完美主义者的强势，却忽略了他们的脆弱。他们并非无坚不摧，比起得过且过的人，他们更易沮丧，更易焦虑，也更易产生极端行为。

所以，在有一个清晰的自我认知之上，我们去衡量自己的"度"要把握好。我们追求卓越，但绝对不是以逼迫自己为前提，完美是一种信仰，但不是一种枷锁或禁锢。

6. 学会自省和反思

孔子曰："不迁怒，不贰过。"意为不迁怒他人，也就不会犯同样错误。很多时候，暴脾气源于不善自省，遇事先怪罪别人，觉得自己无可挑剔，这样的心态自然是没法有好脾气。《地藏经》中曰："罪从心起，忏也从心。"为人一世，难免犯错，但如果能够正视自己的错误，真心反思忏悔，也是可敬的。所以，想要远离暴脾气，先学会自省和反思，有了问题先从自身找原因，你的情绪也就能稳定得多。

做人贵在有自知之明，千万不能自以为是，被无知蒙蔽双眼，明明错在自己，却非要颠倒是非，最后倒霉的往往是自己。尤其是有些过于自大的人，不但不接受他人的规劝，反而强词夺理、恶语相向。人生何必处处针锋相对，更不必自觉高人一等，凡事都先扪心自问，然后从别处找问题。

回想一下，自己是不是经常推卸责任，出事之后不考虑如何解决问题，而是先把自己的责任甩干净？任何人都可能是"罪魁祸首"，但唯独自己是个百益无害的好人，这就明显是对自己过于自信，压根不明白"自省"为何物。

疏漏在所难免，不必遮遮掩掩，不妨坦然面对，继而约束好自己。"以铜为镜，可以正衣冠；以史为镜，可以知兴替；以人为镜，可以明得失。"时常自省，自然能够时常更新认知，久而久之，也将降服心魔，对抗自身的愚昧。

生活中，我们会经常遇到这样的人，明明是双方都有问题，他们却把自己说得完美无缺，所有过错全赖在别人身上。面对这类人是有理也讲不清，因为他们把自己就当作道理，正所谓"秀才遇上兵，有理说不清"。与这类人共事时，要提高警惕，避免他倒打一耙，同时，更要警惕自己不要成为这样的人。

小孙人送外号"孙有理"，因为他凡事都能给你讲出"歪理"来，横竖都不是他的错，而且脾气暴躁，容不得别人反驳。他在单位是出了名的暴脾气，脾气上来连领导都不放在眼里，同事们因此都和他保持一定距离。

新来的同事小李，是刚刚毕业的大学生，初来乍到，处处小心。一次，领导交给小孙一个任务，小孙答应下来之后转头就交给了小李。几天后，小李按时按质完成了任务，小孙在审核之后便交给了领导。领导看完，极其生气，怒斥小孙工作不走心。原来，有一个关键数据出了问题，小孙在审核的时候也没有发现，就这样把错误的方案交了上去。

小李见小孙从领导办公室回来后情绪低落，赶忙上前去询问情况，谁知被小孙一顿臭骂："你干活不带脑子的吗？怎么越是重要的地方越出错？连这种低级错误都犯，我看你真是不如直接回家养老算了。"小李顿时不知所措，以为是自己出了错便一直道歉，并保证自己下次会更加小心。小李第一时间想到的不是辩解，而是主动承担责任并真诚道歉，反观小孙，则是彻头彻尾的"甩锅侠"。

在搞清楚事情原委之后，小李发现责任并不在自己，当初布置任务的时候，小孙给他提供的原始数据就存在错误。在向小孙说明情况后，不但没有获得小孙的理解，反而又是一顿责骂。小孙认为一切归咎于小李不够专业，他在收到错误数据的时候并没有在第一时间提出疑问，从而最终导致方案出错。

在这件事上，小孙和小李是截然不同的态度，前者是着急推卸责任，后者是积极承担责任。如果小孙和小李的处事态度能够调换，在受到领导批评的时候，小孙能够首先反省自身，第一时间查漏补缺，也就不会急着痛骂小李。

你有过类似的情况吗？在尚且没有定论之前，就急着撇清关系，反正不会想到自己才是犯错的那个人。所以，暴跳如雷之前，请先反思，分清是非对错再解决问题，如此才能够最大程度上规避情绪暴发。

越是不懂自省的人，就越喜欢挑剔别人。说别人容易，说自己却很难。但是，当我们对这个实际问题有所察觉的时候，就应该是我们积极采取行动的时候了。

小慧是个自大狂，似乎太阳都是围着她转，最可气的是，她自己明明普普通通，却看不上其他人。在应聘工作的时候，公司HR按照正常流程进行提问，但小慧没能对答如流，最终结果可想而知。对于应聘失败，她认为是HR故意刁难她，因为向别人提出的问题都非常简单，可轮到她作答时却提高了难度。所以，对于这次失败，小慧认为都是对方的问题。在她看来，自己的专业能力是毋庸置疑的，按理说应该被录用，要不是HR有意为之，她是不会失败的。

后来小慧和闺蜜小玲凑了点儿本钱准备自己创业，小玲出钱又出力，为了能够尽快开业忙前忙后；小慧以自己没有经验为由，只挑着做了些简单顺手的工作。筹备了两个月后，才刚刚有了些雏形，小慧觉得是小玲办事效率太低，却丝毫不提自己偷懒的事。工作室正式成立后，也是小玲在运营，苦心经营了半年，生意仍旧不见起色，眼见着可流动的资金越来越少，小慧提出要退出，这次的理由是小玲能力不够,估计也难以成事。小玲只好答应了她,给了她应得的钱,随后自己继续经营。一年后,生意慢慢步入正轨,形势一片大好。小慧得知后,又开始挑小玲的毛病,认为她没有真心和自己合作,为什么不在共同创业的时候早点把路走通。

这就是一个永远不懂自省的人,她的意识中只有一点,出现问题全部都是他人的错,而反观自己则是一身清白。总的来说,他人都是坏人,而自己是受害者,所以就应该生气发脾气。如此不讲理的人,总有一天会被社会教育,明白该承担的责任不能逃避,多自省是一种自我保护。

不管处在什么样的位置上,不管处在什么样的境遇中,别急着发脾气,先学会自我检讨,从本心反省自己的不足。如果问题出在自己身上,就积极寻求应对之法,先解决问题而不是推卸责任,更不是发脾气。

Part 2　别较真，放过自己

"较真"是一个很严肃的词，不管是和自己较真，还是和别人较真，都是一种变相的自我逼迫，本质上就是和自己过不去。其实仔细想想，真的有必要较真吗？多数时候，就是自己没想明白，甚至是钻了牛角尖，最终把自己逼到了死胡同，情绪肯定好不了。所以，记住一句话——别较真，放过自己。

1. 量力而行，不要苛求自己

常说"明知山有虎，偏向虎山行"，不畏艰险的精神是值得歌颂的，但如果换个角度想想，在某些情况下，这或许是一种自不量力的表现，未必会有好结果。尤其是当一个人背负过大的压力，又无法通过自身的努力而弥补能力短板的时候，情绪就会处在崩溃的边缘。与其逼迫自己直面虎威，不如调整一下策略，让自己螺旋上升。

量力而行，不要过于苛求自己，着眼于每一件力所能及的小事，从中不断精进，也是一种处世的智慧。赫恩曼妮说："我们太容易把生活视作线性的、前进的、向上的过程。但生活恰恰是螺旋的、有进有退、迂回曲折的。所以，尽情享受没有答案的人生，未尝不是一项优雅而高贵的事业。"人们往往急于求成，将原本十年磨一剑的事，看作一朝一夕即可完成，为达目的不断苛求自己，也正是在不断升级的苛求中让期许消磨殆尽。

小周在上大学时主修法律，尽管目前的工作和大学时的专业完全不对口，但她决定报考律师资格证，打算去当一名律师，可惜的是她平日里几乎没有太多备考的时间。在工作日，她一刻都不得闲，即便如此，下班后还得加班到很晚。回到家后，已经一天没见到妈妈的宝宝黏在她身边，为了弥补宝宝，她会一直陪她做游戏、看书，还会负责给她洗澡、讲睡前故事，等宝宝睡下后，她要继续收拾家务，等她能够安安静静坐在书桌前的时候，至少已经半夜12点了。

为了抽时间看书，她只好牺牲睡眠的时间，早晨又要早早起床，为宝宝准备早饭、收拾上学用品，等忙活完宝宝，又要开始忙活自己，匆匆忙忙赶到公司开始重复忙碌的一天。可以说，小周的24小时已经被占用得所剩无几，想要静下心来备考比登天还难。可小周不甘心，她宁愿少睡一会儿，也想达成考律师资格证的目标。奋斗的心是好的，但她的时间和精力完全支撑不住。因为睡眠时间短、质量差，小周在工作上频繁出错，其他同事都看出了她的疲惫，每天都是一副没睡醒的样子，工作状态大不如以前。

其实，以小周目前的实际情况来看，她并不适合备考，工作和生活已经足够让她精疲力尽，再加上备考的压力，对她已经造成了实质性伤害。照这样下去，最后的结局很可能是丢了工作，也没能顺利通过律师资格考试，自己的身体同时也被熬垮了。

一天，小周终于暴发了，她实在看不惯丈夫天天加班，只顾着赚钱而忽视了家庭。丈夫也很委屈，他是家里的顶梁柱，一家老小的开销他要承担一大部分，他也想按时下班回来陪孩子、陪妻子，但是工作不允许。在小周备考之前，她是非常理解丈夫的处境的，懂得他的不容易，所以自己力所能及地多照顾家庭，让他没有后顾之忧。可是自从她开始备考，太多焦虑积压在心里，从而引发了家庭矛盾。

量力而行，是在认清自己的实力和现状后，妥善选择适配的解决方案，在能够承受的范围内追求突破。人贵有自知之明，就在于很难客观评判自己，拿捏不好分寸就容易趋向妄自菲薄或骄傲自大。那些习惯于苛求自己的人，多半属于妄自菲薄，对自己缺乏足够的自信，所以一再向自己施压，从而造成精神上的高度紧绷，实则没有益处。

每个人的抗压能力是不同的，所以要考虑自己的承压能力，不要过于执着地追求一个对目前的自己而言相当困难的目标。积极努力是可取的，但要寻找一个内心的平衡点，你的预期与你的实际行动能否达成一致，从而达到心理的自我平衡。

不要自怨自艾，也不要随便给自己打鸡血，"一切皆有可能"不是亘古不变的真理，心怀这份信念是好的，但用一种虚妄的可能性裹挟自己前进，让自己处在一种时刻难以满足的焦虑中，最终在郁闷中纠结，在纠结中自我怀疑。学会识别"毒鸡汤"，如果心灵需要安抚，倒不如彻底放空，去清净的地方走走，冷静下来重新思考。不要受外界影响，不要强迫自己去效仿别人。

人们都想自律，但真正能做到自律却很难。在网络社交中，随处可见健身达人如何自律，如何练就了八块腹肌，如何从胖妹变身腹肌拥有者，他们的确非常自律，但未必适合所有人，最重要的是，人生的自律并非只能靠几块肌肉来证明。

小韩就是被所谓自律迷惑的人之一，以为坚持去健身房跑几圈、举举铁饼就实现了自律。每周不管多疲惫都要跑去健身房，折腾够一上午，中午在外饱餐一顿，回到家就蒙头大睡，除了每周一次的健身也没有其他娱乐活动，家里乱成一团也顾不上收拾，还骄傲地晒图并配文"又是自律的一天"。可是但凡有人发表评论说"也没见你瘦呢"，他都会暴跳如雷，还自我辩解说"我要的是肌肉，不是瘦"。准确来讲，这就是一种"伪自律"，看似一身正能量，实则并不值得借鉴。

人生是一段旅程，戒骄戒躁，才能走得更顺遂。越是苛求，反而越是力不从心。

小周是一位画家，实话实说，他的天赋一般，所以从业以来庸庸碌碌，只能靠模仿名家的画作为生。结婚后，养家糊口的重担时常压得他喘不过气来，妻子也不时地抱怨他窝囊、没本事。对此，小周也不反驳，只是默默临摹，期盼有朝一日也能成为名家，让家人过上富足的生活。一次，有人特意找到他，想要一幅有意境的山水画，一再强调要原创。面对高额的佣金，小周一口答应下来，根本没想过自己多年来从未自主创作过画作，只是图人家给的佣金高。

眼看着约定的时间一天天临近，小周还完全没有想法，独立创作与模仿他人是完全不同的，除了扎实的基本功以外，还要有巧思在里面，可惜小周只有基本功，半点想法都没有。时间一点点过去，小周也越来越焦躁，整个人处在高压之下，情绪也暴躁起来。妻子好心宽慰他，却换来一顿埋怨，面对不识好歹的小周，妻子一气之下回了娘家。

不是所有人都能够大富大贵，也不是所有人都天赋异禀，大多数人还是平凡的，从事着普普通通的工作，过着平平淡淡的日子，不要心比天高，现实远比理想残酷。与其耗尽力气去博取镜中日月，不如接受自己的与众相同，踏踏实实地守住自己的一方天地。

量力而行，不是劝你安于现状，相反，是希望你能够在安稳之中拼出新的生机。当你找到内心的平衡点，也就不会再苛求自己，整个人也就会随之平和下来。

2. 停止抱怨，让负能量停下来

你是一个喜欢抱怨的人吗？你会为了什么事去抱怨呢？你会从简单几句的抱怨升级为大吵大闹吗？当你抱怨的时候，你有没有考虑过自己想要得到什么？

心理学家罗宾·柯瓦斯基博士认为，人们之所以会抱怨，并非在表达他的真实态度，而是通过抱怨来引导一定的人际反应。简单来说，就是通过抱怨而寻求关注、推卸责任、引人艳羡、获得操纵力和为欠佳的表现找借口。所以，我们可以从两个方面来看待抱怨，一个是从我们自身出发，了解抱怨的坏处，尽量减少抱怨，避免传播负能量；另一个则是关注抱怨的人，去了解他们为何抱怨，从而去思考他们的真实意图。

有些抱怨是为了寻求关注，这点时常被忽视，所以当我们的亲朋好友开始抱怨的时候，别急着反感，先考虑一下他们是不是希望得到你的关注。比如一对小夫妻，妻子下班回家第一件事就是抱怨工作又忙又累，抱怨同事之间钩心斗角，抱怨明明很努力却得不到领导的认可……实际上，她抱怨的内容并不重要，她真正想传递的信息是"快来关心我，快来安慰我"，她希望得到的是来自丈夫的关注。当亲近的人在向你抱怨时，不要觉得他们是在无理取闹，赶快献上关心和赞美，你的关注就会化解他们的抱怨。

同理，当角色转换，我们向亲朋好友抱怨的时候，要反思自己抱怨的目的到底是什么？是希望得到更多关注，还是简单为了吐槽发泄情绪？如果你的目的是前者，那不如停止抱怨，改为直抒胸臆。你想要什么直接说，不必用抱怨来达成目的。

一个爱抱怨的人，脾气往往也是暴躁的，处处皆不顺心，又怎么可能会有平和的心绪？这样的人或许就是我们自己，又或者就存在于我们的身边。

在分组作业的时候，老张是同事们都会排斥的人，就是因为老张太爱抱怨，大事小情都要念叨几句，让周围的人感到厌烦。公司组织聚餐，老张会抱怨耽误时间，奔波一天还得外出应酬；到了饭店，他抱怨停车太麻烦，怎么车位这么少；等着上菜的时候，他抱怨上菜太慢；饭菜上桌，又开始抱怨味道一般，还不如单位楼下的快餐……一顿饭吃下来，他一直在抱怨，四处挑毛病，反复传达相同的信息，总结来说就是他对一切都不满意。他说的虽然也是事实，但让周围的人都觉得很扫兴，因为他所抱怨的事情都是无所谓的小事，实在犯不上一直念叨。与老张打过交道的人一致认为，老张这人不好相处，因为他给人的反馈永远都是这里不行、那里不行，轻则唠叨几句，重则破口大骂，跟他相处一直都得提心吊胆，唯恐又惹到他了。

有人说嘴长在人家身上，想表达一下自己的看法有错吗？言论自由，当然没错，但是只顾及自己的感受而忽视其他人，实际上也会反弹到自己身上。你愿意成为不受欢迎的人吗？你愿意被其他人孤立吗？管好嘴巴少抱怨，也是在给自己树立好的人际关系。

和乐观积极的人共事，收获的是向上的动力，哪怕满地荆棘，都能从挫折中挣扎向前。相反，和爱抱怨的人在一起，哪怕顺风顺水，也挡不住他的满腔不满，同伴就会被负能量影响，产生消极的想法。惯于抱怨的人，不一定不善良，但是一定不受欢迎。

婚姻生活中，要是遇到一个抱怨不停的伴侣，那简直是一种灾难。在习惯抱怨的人心中，就根本没有"知足常乐"这四个字。别人家的孩子学习好，就会抱怨自家孩子不努力；别人家的老公工作好，就会抱怨自家老公没出息；别人又升职加薪了，就会抱怨自己的领导没眼光……总而言之，这类人只能尝到生活的苦，对值得开怀的事视之不见，时间久了，硬是生出一副怨恨众生的模样。

琳姐最近买了新房子，本来是可喜可贺的好事，但自从买房之后，反而抱怨越来越多。当初，琳姐有意买房时，丈夫就和她商量要不要再等等，他觉得积蓄不够，也正是孩子用钱的时候，担心压力太大影响生活质量。琳姐觉得他说得有道理，便同意再等一等。谁知道那个地段的房价一直在涨，一天比一天贵，琳姐终于忍不住了赶紧入手了一套。如今购买的价格确实比之前贵了不少，这让琳姐十分不爽，因此经常向丈夫抱怨，当初要不是他阻拦的话，这一套房子能省下不少钱。

王小波说过："人的一切痛苦，本质上是对自己无能的愤怒。"你在抱怨别人的同时，本质上却印证了自己的无能。无法改变现状，无法改变自己，也只好从他人入手，通过一时口快换取短暂的发泄快感。要是琳姐当初能把自己的眼光放长远，坚持己见，也就不至于多花钱了。所以，抱怨别人的时候，等于就是在抱怨自己。

小李也是"抱怨狂"，尤其是在工作的时候，一旦出错就是怪天怪地怪别人，理由都是客观的，半点主观的都没有。一次，他接了一个单子，原本就是其他同事已经攻关了许久，就差"临门一脚"了，结果他接手后不仅没谈成，还得罪了客户。面对领导的质问，他闭口不提自己的问题，却说是同事没有做好铺垫，是这个客户比较难缠，是公司提供的优惠政策不够充分……诸如此类一通抱怨，

"甩锅"的口才一流，要不是领导对这个单子很了解，差点儿就被他糊弄了。

小李的抱怨就是为了推卸责任，出了问题都是别人的错，为了显示自己的无辜而不停指责别人。所以，小李的抱怨不是为了抒发情绪，而是为了让自己不去承担责任。

你有没有观察过自己，一天之中会有多少次抱怨？每次都是为什么事抱怨？如果之前你从来没有意识到自己是一个爱抱怨的人，那么就从现在开始记录，当要开始抱怨的时候，有意识地去管控自己的情绪。

千万不要做一个爱抱怨的人，也要远离爱抱怨的人；生活不易，就不要四处传播负能量，同时也要让自己远离负能量。不管是对现状不满，还是对他人有埋怨，先试着改变自己吧。

生活也好，工作也罢，不能顺心顺意的事有很多，抱怨除了破坏心情外，不能解决任何问题，令你厌恶的人依旧活跃，让你讨厌的事依旧存在，但你却可以选择不再去抱怨，不管你选择视而不见，还是调整心态积极面对，都远比抱怨来得有用。

于我们自己，不做爱抱怨的人；于他人，试着去发现抱怨背后的真实想法。让人生少一些抱怨，多一些豁然与洒脱。

3. 较真只会给自己添堵

较真不等于认真，不较真也不等于不认真，不能将二者画上等号。较真过了头就会变成固执，就是俗话说的"认死理"，不懂变通。

为人处世，不撞南墙就绝不回头真的好吗？不，一条路走到黑的人只会伤痕累累，注定与成功无缘。与其固执己见，倒不如学着适时转弯换个新方向，或许就会有广阔天地。有时候问题难以解决，就是钻进了牛角尖，逃脱不开固有思维，所以才一直在循环失败。

南怀瑾先生说："越保守的人越有自己的范围，结果变成固执，变成粘胶一样，自己不得解脱，被它胶住了，就是佛家所讲的执着。"不要固执，不要较真，可以让自己活得更轻松自在。

李姐是单位的老员工了，在岗位上兢兢业业，领导时常当众表扬她，但私下不止一次劝她为人处世不要过于较真。怎么回事呢？原来是李姐平日里是出了名的"认死理"，大事小情容不得商量，虽说办事认真，但过程中不知道默默得罪了多少人。但凡有李姐参与的项目，矛盾就避无可避。有些人看在她是老大姐的份上，不愿与她产生冲突，但暗地里没少互相抱怨，而有些人则实在难以接受一个"斤斤计较"的工作伙伴。

举个简单的例子，五个人为一组的项目，大家群策群力，每个人都提供了各自的专业知识，按理说该有一个和谐的氛围，奈何有李姐的存在，多少会在项目推进的过程中产生矛盾。大家都敲定的方案，她就偏偏不同意，坚持认为某个地方还需要再商榷。大家欣赏她的精益求精，但对于吹毛求疵、固执己见的行为并不认同。因为她在某些细节上过于较真，又难以提供有说服力的改进意见，确实给项目进度造成了一定的负面影响。不过最终项目完美结案，每个人的努力没有白费，也让领导非常满意。

论功行赏的时候，李姐的较真又"发作"了，她反对奖金平分，认为自己的付出远超过其他人，应该拿到更多的奖金。组内其他人听到这个消息后非常气愤，认为要不是她钻牛角尖，项目会完成得更快更好，李姐不仅不反省自己反而觉得自己是团队的灵魂，真是有点儿可笑。

最终，领导私下约谈了组内的其他成员，听取了他们的意见，还是决定人人有份且数额一致，因为他将每个人的表现都看在眼里，并非李姐所说的那样。

我们从李姐的故事里就能看出来，为人处世，无论哪个方面都尽量避免较真，你以为是理所应当，实则对自己、对其他人都没有好处。不如敞开胸怀，打开思路，坦然接纳，不要陷在自己的认知中。一个人的格局往往决定了一个人的高度，这句话看起来"假、大、空"，实际上你细品就会发现，那些格局更高的人，往往生活欢愉、安稳，工作稳中有进。

自私、固执是人类感情中阴暗的一面，不要被自己的较真遮住了双眼，以至于盲目地坚持一些本不值得坚持的事情，很可能会在自我执着中收获一片"骂声"，及时停下来，好好审视一下自己吧，不要做别人眼中的"烦人精"，不论是工作还是生活，一旦被人厌烦，都是一种精神上的折磨。

小李最近刚刚生下一对龙凤胎宝宝，原本喜气洋洋，却因为一件事让她开心不起来。两年前，小李的闺蜜生下宝宝后，她第一时间包了1000元的红包送了过去，还特意为宝宝精挑细选了不少礼物。然而，在她生下宝宝后，闺蜜也送来了1000元的红包和一些宝宝穿过的但洗得很干净的旧衣服。这让小李十分生气，她认为闺蜜知道自己是龙凤胎，却只准备了一个红包，而且竟然带了些旧衣服过来，这简直就是看不起她。当着闺蜜的面，小李就让她把衣服带回去，说自己已经准备了不少新衣服，而且价格都不便宜，就不要这些穿了许久的旧衣服了。听小李话里话外都带着不满情绪，闺蜜也有些不高兴，觉得小李不该对她冷嘲热讽，所以没待多久就离开了。

　　两个人都越想越气，闺蜜回到家后，跟另一个好朋友说起这件事，朋友劝她不如再给小李发一个红包，别让这么多年的友情因为这点儿小事断送了。闺蜜表示认同，便又发了一个500元的红包，并给小李留言说："不知道宝宝还缺什么，所以也没有多准备，你收下这个红包给宝宝添置些新衣物吧。"但小李没有领情，直接退还了红包，而且一言未发。闺蜜知道她是真的生气了，便又解释说："给你拿旧衣服过去，是因为听老家的长辈说，宝宝穿百家衣长大会更平安健康，所以特意挑了一些穿过但还比较新的衣服给宝宝。如果这让你不开心了，和你说声抱歉吧。"

　　闺蜜等了很久，也没有等到小李的回复，便决定随她去吧，自己再多解释也是浪费感情。即便闺蜜给出了解释，但小李仍旧不愿相信她是好意而非抠门。小李认为，像她们这么要好的关系，即便是要送些旧衣服，也应该提前问一下她需不需要，如果并不是她主动要的，那就不应该送旧衣服。现在生活条件都好了，谁还会给宝宝捡别人家的旧衣服穿呢？所以，不管闺蜜如何解释，她都不愿相信,并且决定疏远闺蜜。

　　小李的反应未免有些过激了,尤其是在闺蜜已经做出解释的情况下,仍旧只相信自己的判断。一生之中,能够有三五个知心好友已经是幸事,就不要再因为自己的较真而毁掉宝贵的友谊了。

　　你是一个较真的人吗?你经常为了什么事情而较真?周围的人有没有经常对你说"你怎么这么较真啊"?先忘掉过去的自己吧,不管在这之前你是不是一个较真的人,从这一刻开始,试着开始不较真。在你的原则底线之上,请抱着万事万物皆可商量的态度,从自己的固有思维中抽出身来。

　　人往往会有一个不断刷新认知的过程,这也是一种慢慢削弱固执的方式。通常我们认定的那些事,或许只是我们的执念,如果能够从多个角度去分析、去观察,也就自然而然地看到一番新天地,得到一些新见解了。

4. 抛开多余的担心

未雨绸缪和杞人忧天,为什么明明都是担忧却一褒一贬呢?根本原因就在于,前者是在考虑会出现的实际问题并为之作准备,后者则是担忧不切实际的问题,或者换句话说,就是担心得多余了。

多余的担心反而会成为负担,不断给自己施加压力,会让原本就紧绷的神经变得更加脆弱。春秋时期,有一个杞国人,他一天到晚都在担心会不会发生天塌地陷这种事,担心到时候自己无家可归,为此食而无味、夜不能寐,时间久了,还没等到天地毁灭,自己的身体却已经先垮掉了。杞人忧天的故事,通俗来讲,就是告诫我们少担心没必要的事,至于怎么评判到底有没有必要,就要看个人的眼界和学识了。

不要自寻烦恼,不要自找苦吃,不要把多余的担心当作谨慎。有些担心完全是多虑的,比如说了什么话会惹朋友不高兴,做了什么事会被同事瞧不起,买了什么东西被商家欺骗……试想一下,你把这些焦虑的情绪埋在心里,难道会让自己变得更豁达、更有动力吗?除了时刻处在精神紧张的状态下,还会不由自主地分散自己的精力,那些藏着心事的人怎么会有好心情呢?一旦在焦虑的情绪中无法自拔,那就相当于走进了恶性循环,越是担心越是焦虑,越是焦虑越是无可奈何,从而耗费自己的大好时光,最终一事无成。

人生短暂，与其作茧自缚，不如抛开那些多余的担心，在工作和生活中全力以赴，至于结果如何，在合适的时间自然会有一个答案。原本可以心无旁骛地开创新生活，却被没必要的担忧绊住了手脚，这是得不偿失的事。人生已经暗藏一些陷阱和挫折，应付它们已经需要很大的精力和勇气，你要是再给自己挖坑，那岂不是让自己的人生难上加难？

如果克制不住地担心，那就在形成焦虑之前，多花些时间思考对策，以不变应万变，有了解决之道，也就无须犯愁了。你的担忧不会让事情发生任何积极的转变，相反，会让自己承受压力，变得缩手缩脚，从积极走向消极，这绝对不是一个聪明人应该做的事。

朋友小周最近为了内部换岗的事愁眉不展，她在业务支持部做了五年，最近领导希望她转岗到销售部，但她一直犹豫不决。对她来说，转岗到销售部门是一个很好的机遇，在辅助部门做得再好也不如一线部门有前途，但天大的好处都没能让她立刻作决定。

她有自己的顾虑，担心到了新的岗位做不好，难以融入新的团队，担心同事排挤她这种没有经验的人……就在越来越多的担忧中，她开始考虑要不要拒绝这个机会，万一不适应新岗位，那么再调回原岗位就太丢人了。连续几天，反复思量，最后还是同事的一句话让她打消了放弃的念头，同事说："领导都不怕你做不好，你为啥自己瞎担心呢？"小周听完，觉得非常有道理，最该担心的人都没有提出质疑，反而是大胆地给了机会，自己又为什么要纠结呢？

后来，小周如约转到销售部，才发现之前的担心都是多余的，因为同事对她非常和善，知道她之前没经验，所以很照顾她，而交给她的工作，她也能顺利完成，完全没有出现之前担心的情况发生。

正如三毛所说："生活，是一种缓缓如夏日流水般的前进。我们生的时候，不必去期待死的来临。这一切，总会来的。"顺其自然不是被动接受，而是坚持去做当下的要紧事，不要盯着那些无所谓的事而担心惶惶不可终日。

《吕氏春秋·荡兵》："夫有以（噎）死者，欲禁天下之食，悖。"深思熟虑没什么不好，但因噎废食就没有必要了。不要因为出了小小问题，甚至还没有出现问题的时候，就把应该做的事情停下来。

一家小公司最近正走在十字路口上。有个项目进展到一半却进退两难，起因是项目组的经理开始打起了退堂鼓。在项目启动之初，公司上下一致看好，认为这是一个有前途的项目，如果可以成功的话，那会对公司的发展产生重大影响，甚至可以一跃跻身上游企业。就在项目如期推进到中期时，项目经理却有些动摇了，虽说在项目启动前期已经做了风险评估，但进展到如今的阶段，已然超出了当初的设想。如果现在就此放弃的话，会损失一部分资金，但如果继续推进，就有可能面临资金链断裂的情况，到那时就不再简单是一部分资金的问题了，严重的话会直接压垮公司。

项目经理将目前的情况和自己的担忧上报给老板后，老板仔细权衡利弊，他分析了当下的情况，认为项目经理是过于担心了。机遇与挑战并存，没有万无一失的商机，想要获得就要提前做好失去的准备，这么多年在商场打拼，老板深谙失败与成功一线之隔的道理。

最终，老板拍板项目照常推进，但要求增加项目进度汇报的频次，以便在第一时间掌握项目情况。有老板盯着，大家也就都松了一口气，项目组又恢复到干劲十足的状态。老板把项目经理叫到办公室，赞扬了他谨慎务实的精神，也鼓励他大胆去做。几个月后，项目如期完成，取得了不错的成绩，并且帮助公司获得了一笔巨额投资，公司就此走上了高速扩张的道路。

不能没有谨慎之心，三思而后行就是为了避免一时冲动而酿成苦果，但站在足够的高度看待问题，要懂得辨别哪些事情有必要深思熟虑，哪些事情应该果敢坚决。

成功离不开敢做敢当，畏缩不前就容易错失战机，甚至放弃了成功的可能性。我们对未来都是处于未知的状态中，是成是败，又是何种走向，没有人能够给出明确的答案，所以要靠我们自己的双手去创造未来，靠我们的双脚去奔向未来。

对于未雨绸缪，叔本华有自己独到的见解，他认为："一般来说，人们最常做的一件大蠢事就是过分地为生活未雨绸缪——无论这种绸缪准备是以何种方式进行。为将来做详尽的计划首先必须以得享天年作保证，但只有为数不多的人才可以活至高龄。就算一个人能够享有较长的寿命，但相比订下的计划而言，时间还是太过短暂了，因为实施这些计划总要花费比预计更多的时间。另外，这些计划一如其他事情，都有太多遭遇阻滞和失败的机会，甚少真能达到成功。最后，就算我们所有的目标都一一实现，我们却忽略考虑了时间在我们身上所带来的变化。"所以，不如珍惜当下，珍惜现有的机会。

抛开多余的担心，先判断是否多余，再鼓足勇气去实践。人生的魅力就在于变数和未知，所以不妨大胆果敢一些，丢掉束手束脚的东西，闯出属于自己的一片天地。

5. 情绪决定生活质量

如果没有情绪，人类也就成了行尸走肉，不知悲喜。正是因为拥有七情六欲，所以生命才如此鲜活。可见情绪对于人类来讲是多么重要，甚至不夸张地说，情绪直接决定着我们的生活质量。

在哈佛大学心理学博士丹尼尔·戈尔曼的著作《情感智商》中，为我们揭示了有关情绪的诸多奥秘。在丹尼尔的研究中发现，情绪在本质上是某种行动的驱动力，即进化过程赋予人类处理各种状况的即时计划。情绪有时来势汹汹，毫无逻辑可言，所以能够擅长处理情绪的人，就会比其他人更具优势。

一个能掌控自己情绪的人，他能够清楚地了解自身感受，也能自主地去顾及他人的感受，在以理解为前提下，他就能够处理好人际关系。因此，对任何人来说，能够做情绪的主人，都是一种突出的能力。相反，那些被情绪掌控的人，就会时常因为内心斗争而损耗内力，从而影响专注力和思考力。

情绪与感受息息相关，而感受也将影响你的行为，从而导致不同的结果。

与同事发生争执之后，如果你一直在指责对方，认为全是对方的错，那么你将沉浸在气愤之中，言行举止都将反映出你的情绪，而因为情绪不好，也会影响你的工作效率。一天结束后，你会发现自己除了生气似乎什么也没有完成。如果你能在第一时间冷静下来，去重新思考梳理整个过程，或许会发现对方的无意以及自身的问题，那接下来就只剩下思考如何解决问题了。当问题迎刃而解后，一切都不再是问题，心情好了，情绪稳定了，又能全身心地投入工作中了。

比起不善于管理情绪的人，一个对情绪有控制力的人更容易感受幸福，因为他的精力和时间可以用来发现美好，而不是抓着负面情绪不放。

你能做到情绪稳定，就等同于战胜了自我的阴暗面，比如任性、暴躁、嫉妒，等等。一个将时间和精力投入经营生活的人和一个喜欢处处与别人作对的人，注定会有不同的人生，前者的每一天从饱满的精气神开始，后者则是从忧虑焦躁开始。等他们的一天结束后，也会有不一样的心得体会。

感受幸福的人，不一定是生活万事顺遂，不一定是毫无烦心之事，也不一定是时刻充满快乐，关键在于他们面对并不美好的一切事物时，呈现的是哪一种情绪。当你的情绪状态是平稳的、积极的，那么困难挫折也就变得无足轻重，生活的主旋律也就是欢快幸福的。

情绪对身体健康也有着潜移默化的影响，有科学研究表明，"情绪可以通过大脑来影响心理活动和生理活动，从而影响我们的健康"，积极的情绪有利于提高大脑皮层的张力，而消极的情绪则会导致内分泌紊乱，从而降低自身的免疫力。

英国著名科学家法拉第，就是通过观看戏剧、马戏而大大改善了健康状况，可见积极的情绪是一剂良药。英国著名生理学家亨特则没有那么幸运，他本来就是暴脾气，他也很清楚自己的脾气秉性，所以常说"我的命迟早要葬送在一个惹我真正动怒的坏蛋手上"，最终，真的因为一次暴怒而导致心脏病猝发，结束了自己的生命。

在职场上，如果控制不好住自己的情绪，影响的将是你一生的职业生涯。不要以为职场拼的只是专业能力，情绪管理也是必备的技能，它或许不能决定你的一生，但一定能够在关键时刻对你产生深远的影响。

小张和小丁毕业于同一所大学，一个乐观开朗，一个沉稳老练，毕业后又进入同一家公司实习，所以自然而然地成了好朋友。进入公司后，两个人被安排在一个部门，一起参加新人培训，一起熬夜加班，一起帮前辈们跑腿……从同学到同事，两个人互相扶持，关系好极了。唯一的问题就是，小张心里藏不住事，但凡工作上有点儿不顺心就喜欢向小丁吐槽，每次小丁都会安慰她，劝她不要放在心上，做好自己的本职工作才是最重要的。虽说小张是无心的，但是次数多了难免会影响自己的情绪。

一天，部门的刘姐又让小张留下来加班，这让小张十分生气，她认为刘姐针对她，否则为什么不叫小丁一起加班，偏偏只留下了自己？小丁为了让小张能够早些回家，自愿留下来加班，但刘姐让小丁尽早下班，因为明天还需要小丁跟着她一起去谈判，希望她好好休息，拿出最佳状态来。

小丁只好乖乖回家，这让小张更生气了，不满的情绪开始支配她，说话办事开始越来越敷衍。刘姐久经职场，见多了形形色色的人，所以一眼就看穿了小张的心理活动。她把小张叫到身边，指出了工作中的几处错误，小张原本就有所不满，又挨了批评，情绪一下子就崩溃了，直言刘姐偏心，说她没有一碗水端平，故意刁难自己。

刘姐毕竟是前辈，听了小张的控诉并没有生气，反而让小张自己平静一下。后来，在实习生转正考核中，小张失去了转正的机会，而小丁却正式成为公司一员。其实，小张与小丁的工作能力不相上下，但是小丁有着更出色的情绪管理能力，平时遇到委屈的事情，不仅不会四处传递负能量，而且能够进行有效的自我调节，小张则因为失败的情绪管理而失去了转正的机会。

　　工作能力突出的人并不少见，这是在职场打拼最基本的武器，但是善于管理情绪的能力却不是人人都拥有的。当你掌控好情绪时，就能掌控好工作，而将工作处理好，你的生活自然也就因此变得轻快了。

　　在婚姻生活中，不可避免的就是争吵，两个人很难做到一辈子不吵架，但那些没有吵散的婚姻中的两个人，除了有坚定的爱之外，多半会懂得控制自己的情绪。有些人一生气就爱说"日子过不下去了"或者直接说"离婚吧"，有太多婚姻是因为几句气话而一拍两散的。如果你能在两个人都有些情绪失控的时候，及时管住自己的情绪，那么就等同保护了自己的婚姻。

　　情绪的重要性不言而喻，你的身心健康要受制于它，你的工作、感情也要受其影响，生活质量的高低也就由此有了依据。

6. 让过去教会你成长

《流星花园》前不久重新在电视台播出，女主角杉菜与男主角道明寺、花泽类的爱恨纠葛，瞬间引起一番回忆杀，"80后""90后"集体兴奋起来，而杉菜的扮演者大S用一段话将我们拽回了过去。

已经是两个孩子妈妈的大S犀利点评自己曾经表演的角色："是的，我承认，当初演到杉菜举棋不定的时候，我跟蔡导说，'杉菜好贱哦！我讨厌她，不会演'。导演跟我说了好久，什么她还年轻不懂感情的事，一个平凡的女孩突然被两个大帅哥示爱，难免晕头转向……总之，我演到一半就不喜欢杉菜了！但还是尽量演到不让观众太恨她！当年的观众都很单纯，就这么放过杉菜了。哪知上辈子的戏又回放了！这下漏洞百出！我承认，杉菜是有点让人讨厌……但我还是很努力地美化了她。就这样。"

说自己所表演的角色让人讨厌，大S应该是第一人。如同现在的我们，回首几年前的自己，也忍不住捂起脸来。那个做事毛手毛脚，那个瞻前不顾后，那个谨小慎微的自己，如今，也成为独当一面的"大人"了。但这个"大人"回望过去时，却直呼"不敢直视"，觉得曾经的自己"辣眼睛"，甚至不堪回首。

毕业后的第一年，小吴怀揣着对文字的热爱，进了一家小公司做起了编辑，除了日常的文字工作外，还要站在太阳底下，堆起笑脸，向来往的每一个人发传单、作讲解。真的很累，真的让自己讨厌，他却舍不下本职工作，就这样坚持着，传单发得越来越溜，本职工作也越来越娴熟，人也越来越黑。

第一份工作在几个月后结束，在朋友的推荐下她来到一家房地产公司做文案，因为不是广告专业，也没有相关从业经验，老板一开始并不满意，但他给了小吴学习的机会，安排她到一家广告公司实习两周。也要感谢广告公司的老板，将她视为未来的对接人，安排了专人带她。就这样，一个一无所知的小白学到了很多知识，甚至可以独立用PS制作简单的广告单页，自己出文案，自己出设计，自豪感"爆棚"。当然，她的设计水平不能与专业设计相提并论，但也算是从零基础迈出了第一步。

一年多的甲方生涯，没有大的起起落落，过得也相当安逸。后来，考虑到自己想要更广阔的发展空间，向专业的广告文案方向努力，小吴便去了一家广告公司，没错，就是曾经实习过的那家公司。老板和同事都有过硬的专业知识，并且都是毫无私心的人，跟着他们小吴就能快速进步。

新的开始给了小吴新的机遇，新的选择给了她新的成长。

每个人的阅历不尽相同，各有各的甘苦，但我们无法否认曾经的自己，无论那在如今的我们看来，多么可笑，多么青涩，他都在为我们的今天铺路。那些无以言说的委屈，那些痛哭流涕的深夜，都变成了人生的馈赠，支撑着我们翻越大江大河，跨过大风大浪。

是曾经的自己，成就了今天的自己啊。

那个勇敢迈出第一步的自己，那个偷偷抹眼泪却故作坚强的自己，那个使出浑身解数完成任务的自己，那个向父母报喜不报忧的自己……笨拙固执，也勇敢坚强。现在的自己，有什么资格嘲笑曾经的懵懂无知呢？

时间印证了诸多谎言，也见证了我们的改变，随着这个世界一同成长的我们，有了更广阔的视角，回望刚刚进入职场时的自己，如同回望小时候，"弱小、无助、可怜"，跌跌撞撞，却对一切满怀热情。

曾经意气风发的少年，如今呢？他还好吗？有没有变得油腻，有没有变得世故，有没有变得更好？如果可以同曾经的自己对话，你会如何开口呢？只想告诉他，你现在过得很好，多亏了他当初的努力。还有，他真的很棒，一直很棒。

有一首歌曲，名叫《起风了》，歌词很有意境，推荐给你们："这一路上走走停停，顺着少年漂流的痕迹，迈出车站的前一刻，竟有些犹豫，不禁笑这近乡情怯，仍无可避免……从前初识这世间万般流连，看着天边似在眼前，也甘愿赴汤蹈火去走它一遍。如今走过这世间万般流连，翻过岁月不同侧脸，猝不及防闯入你的笑颜。我曾难自拔于世界之大，也沉溺于其中梦话，不得真假，不作挣扎，不惧笑话。"

有些人要感谢曾经努力的自己，有些人则记恨曾经懒惰的自己，无所谓，重要的是下一个五年、十年，我们将成为怎样的我们，又将如何看待曾经的自己。

没有曾经的颠沛流离，又怎会有如今的波澜壮阔。

杉菜很可爱，值得被爱。而曾经的我们，同样如此，值得被如今的自己以尊敬的眼光重新打量。有人喜欢"愿你出走半生，归来仍是少年"这句话，但我愿你出走半生之后，归来变得强大、独立且仍怀揣一颗少年心。

7. 寻求主动沟通

沟通是人与人之间的一座桥梁，能够营造出和谐的人际关系，没有沟通是不行的，尤其是在存在问题或分歧的情况下，一定要学会主动沟通。

许多人在产生矛盾之后，自以为将对方的想法摸得一清二楚，实际上，多少会存在理解认知上的差异，从而导致你只是听见了对方说的话，但至于真正是什么意思，你却并不清楚。所以，主动沟通是很重要的，能够在第一时间解决问题，而不是以吵架来应对。

如何沟通才能更有效呢？在积极沟通的前提下，有几点是可以参考借鉴的。如此，才能让沟通变成一种良性的互动，从而消除矛盾。

1. 耐心倾听

既然是主动沟通，免不了要主动去阐明自己的观点和想法，向对方讲清楚自己的所思所想，自己是利弊如何权衡，等等。但是，除了积极表达之外，还要能够耐心倾听。毕竟，主动沟通不仅是主动表达看法，还有很重要的一点是想要积极听取对方的想法。当对方在说话的时候，千万不要随意打断，急着发表自己的意见或是着急解释，否则就会又变成一场辩论或是争吵。

如果你去找对方沟通，但对方说了几句不满的话，你就开始不耐烦，那不如不沟通。在沟通过程中，本来就是要说清楚各自的想法，避免因为没有表达清楚或理解有偏差而导致矛盾，所以多些耐心，听完再说话。

2. 亲自沟通

好多人在脾气上来之后，确实也要主动沟通，尽量把事情说明白、讲清楚。但他们采取的方式是找第三方去代为沟通，以为这样能起到好的作用。实际上，第三方去沟通的话只会"和稀泥"，起不到真正沟通和消除矛盾的作用，甚至有时候会传错话，引起更多的误会。所以，面对面沟通还是最有效的方式，无论是信息还是态度，都能传达到位。一定要亲自沟通，不依赖别人的嘴巴，也不轻信自己的耳朵。

张三和李四闹矛盾，请王五从中调和，王五大概了解了事情的来龙去脉后来到李四家里，跟他说起了张三的想法，但越说越偏，慢慢变成了在表达他自己的想法，不仅没有让李四的心结解开，反而给当事人双方增添了新的矛盾。

3. 保持坦诚

如果沟通不保持坦诚，那将失去沟通的意义，只是走了一个形式，关键问题还是没有办法得到解决。既然选择面对面沟通，那就坦诚相待，将内心最真实的想法表达出来，以真诚赢取理解和信任，解开矛盾点。

本来就是你找到对方想就事论事，但你把自己的想法藏着掖着，避重就轻，说一些无关紧要的事情，那怎么可能会解决问题呢？对方又怎么会看不出来你的态度不够真诚呢？

小王情绪不好，因为某件事对同事说了几句狠话，事后自知当时有些过分，但也坚持认为对方应该承担主要责任。他找到对方想进行沟通，但嘴上全是虚情假意的话，实际的想法根本没体现出来。

你认为对方会与小王交心吗?

4. 平心静气

想要控制好情绪,就先给自己创造一个平和的环境,有了好的环境,也就能够真正做到平心静气的沟通。当对方一直在控诉不满的时候,千万不能急着怼回去,你要记得沟通的目的,是解决问题而不是过来吵架。对方有不满,那就让他尽情抒发,把苦水吐完,也就能够冷静下来,真正聊一聊问题了。

比如本来就是你主动找对方沟通,结果对方还没讲完当时的情况,你就按捺不住自己的表达欲,一定要抢着发言,而且越说越气。与其在难以平静的时候沟通,不如暂时先冷静冷静,保持沉默要比口不择言更好。

5. 平等沟通

或许你认为就是对方的过错,所以你有充足的理由去指责对方,可以居高临下地质问他、批评他。如果你这么想,那就大错特错了,沟通的前提是平等,既然你们双方是当事人,那就暂且放下孰对孰错,只有能够顺畅沟通的时候,才能真正分清谁对谁错。

如果你从一开始就抱着问责的态度,那就干脆不要沟通,免得适得其反。沟通的前提是,先不判断对错是非,等一切讲清楚之后,自然也就能分出来了。

当你的情绪要走向负面时,不如先试着去主动沟通,给彼此一个表达想法意见的机会。或许沟通效果并不理想,但至少这是你做出的一大改变和一大让步,给了自己一个缓冲区。比起生闷气或直截了当地发泄情绪,能够寻求主动沟通才是理智且聪明的办法,这也是给了自己一个安抚情绪的突破口。自己要主动去创造沟通的机会,才能不让自己迷失在焦躁中。

主动沟通也不是难于登天的事情，为了将事情完美解决，可以将自己可笑的自大、自傲先放下。能够主动沟通的人，就是给自己一条情绪的"生路"，让难题变得可解，而不是把自己逼到非要爆发的地步。

Part 3　改变暴脾气从改变自我开始

　　如果你说是因为客观环境或者其他人为的事导致你发脾气，那这并不完全是正确的，因为那都是外在因素，起决定作用的还是你自己，是引发何种情绪的内在因素。所以，改变客观环境并不现实，不如从改变自我开始，既有可操作性，又大大降低了难度。

1. 给自己一个平复情绪的机会

情绪有开关吗？当情绪濒临崩溃的时候，有些人会默默摁下暂停键，从而呈现在人前的是一个淡定且理智的人，而有些人则肆意妄为，任意宣泄自己的不满，除了获得一时的痛快外，还会落下一个易怒的名声。

谁会喜欢一个"易燃易爆炸"的人呢？其实大家身边肯定少不了有几个喜欢小题大做的朋友，为一点儿小事就争吵不休，甚至暴跳如雷，上一秒还是和颜悦色，下一秒就大发雷霆，事后又开始反思自己做得确实不对，但下一次遇到类似的事还是会生气、会失控。他们时刻处在动荡的情绪中，一整天起起落落，时间久了不仅自己疲惫不堪，也让身边的朋友十分无奈。久而久之，大家就会疏远这样易怒的人。

《危险人格识别术》一书将情绪不稳定型人格划归到危险人格中，他们的性情难以预测，时常在两个极端之间变化。这足以说明情绪不稳定是一个多么负面的因素，对自己及身边的人都存在着一种危险气息。那些能够维持稳定情绪的人，尚且会因为一时冲动而作出些过激的行为，更何况是情绪不稳定的人，会出现害人害己的行为也就不足为奇了。

做一个情绪稳定的人，而不是一个冲动的"魔鬼"，更不是一颗安放在亲朋好友身边的"定时炸弹"。王阳明认为情绪稳定是一种能力，是可以通过智慧和修行习得的。所以，如果你是一个脾气暴躁的人，其实是可以通过调整自己来加以改变的。性格不会一成不变，只要你有心去改变，假以时日就会产生好的效果。

让正向的情感驱赶冲动，重新接管你的心智，在理性的支配下，才能正常地思考问题。

当你和伴侣发生争执，下一秒就要情绪爆炸的时候，先不要想着怎么发泄，去想一下眼前这个人到底是谁，是你的敌人，还是你的仇人？他是做了对不起你的事吗，还是与你有血海深仇？如果不是，那他是谁？他是你的爱人，是你放在心上呵护的人，所以还有必要大吵一架吗？

有一对小情侣，平日里甜甜蜜蜜，可一旦吵架，两个人就完全变成了"敌人"一般。女生就是胡搅蛮缠，有时也会得理不饶人，男生则喜欢破口大骂，说一些难听的话。朋友见过他俩吵架后，找到男生并劝说他，下次吵架一定要控制一下自己，不能专挑对方的软肋去攻击。毕竟站在对面的人，是自己曾暗自发誓要捧在手心上的人，而不是有着血海深仇的人，实在没必要如此狠心。

男生已经意识到了自己的问题，作为一个大男人，竟然每次吵架都要表现出一副咄咄逼人的样子，确实太不像话。之后有一次吵架时，男生试着放下脾气，耐心倾听女生到底想表达什么，努力弄清楚她到底为了什么生气。女生见男生的态度有所缓和，也慢慢平静下来，讲清楚了自己的想法，男生这才明白，确实是自己有做得不对的地方，所以赶紧赔礼道歉。女生也没有再固执，接受了他的道歉，两个人很快和好如初。虽然吵了架，却丝毫没有伤害感情，还很快解决了问题。

想发脾气，先别急，先搞清楚对方到底想要什么。或许当你弄清楚来龙去脉之后，你也就会发现，其实并不是值得生气的事。

对待子女也是一样，那个小捣蛋鬼又闯祸了，你的血压嗖嗖往上蹿，先别急着又打又骂，想想你对这个小家伙倾注了多少感情，想想他可爱乖巧时的样子，想想你十月怀胎的不易，是不是对他的爱能够克制此刻你对他的"恨"？

在孩子三四岁的时候，正是时常会犯错的年纪，调皮捣蛋似乎就是一天的主要工作。年轻的父母脾气上来，嚷几句都不能解气，甚至要动手打一顿才行。但请你在发脾气之前，给自己几分钟的时间，认真盯着他的小脸蛋，是谁曾默默祈祷，只愿他平安健康的？捣蛋是天性使然，在这样的年纪，老老实实的孩子太少了，所以再多一些耐心，等他长大之后，再也不调皮捣蛋的时候，你或许会开始怀念那时候的情景。

对待同事也很简单，他的所作所为确实令人不喜欢，但是真的有必要通过嘶吼去解决问题吗？你要为了一个做错事的人毁掉自己的形象吗？其他同事看不到你与他的纠葛，只会看到一个情绪失控、大喊大叫的你，这是谁的损失呢？

所以，让坏情绪停下来，你是可以做到的，自我暗示就是一个不错的办法。当你意识到自己就要勃然大怒的时候，可以自己心里默念"我不生气、我不生气、我不生气"，或者"别惹麻烦、别惹麻烦、别惹麻烦"……能够及时有控制的意识，已经强过一般人了，但这还远远不够，有所意识就要采取行动，给自己一个自我暗示，要"败败火气"。

或者通过转移注意力的方式，让自己从那个气急败坏的点上转移出来，有没有其他要紧事需要处理，或者重新思考一下整件事的来龙去脉，或者重新梳理一下自己的措辞，趁着情绪可控的时候及时刹车，把暴脾气扼杀在即将暴发的前一刻。

当你的情绪平复之后，你再争取平心静气地沟通，当双方能够平心静气地了解到彼此的真正意图时，也就能够达到真正的彼此理解，从而就事论事继续解决问题。此时此刻，不是为了"退一步海阔天空"，不是让你后退，只是让你能够保持冷静的大脑，真正解决问题。

沈从文为人谦和，他是出了名的好脾气，他说："就我性格的必然，应付任何困难，一贯是沉默接受，既不灰心丧气，也不呻吟哀叹。"这样的脾气秉性正是我们需要学习借鉴的。一帆风顺只存在于祝福中，生活起起落落实属常态，情绪好好坏坏也是正常，但学会控制情绪才能让本就起伏的生活多一些平稳。

做一个情绪稳定的人，学会控制情绪，不做情绪的奴隶。难免冲动，但给自己一个平复情绪的机会，这不是为了别人而是为了自己。试想一下，为了自己，值不值得三思而后行？佛曰："有德即是福，无嗔即无祸，心宽寿自延，量大智自裕。"去做情绪的主人吧，不要被情绪控制。

2. 急躁只会让事情变得更糟

中世纪波斯诗人萨迪在《蔷薇园》中写道:"事业常成于坚忍,毁于急躁。我在沙漠中曾亲眼看见,匆忙的旅人落在从容者的后边;疾驰的骏马落后,缓步的骆驼却不断前进。"做人切记,不要急躁,以稳为主。

在工作和生活中,出其不意的事接二连三,每个人都难免会慌乱,会手足无措应对不及,但急躁不仅不能解决任何问题,还会让情况变得更糟。如果你是一个容易急躁的人,千万别把意气用事当成"真性情",也不要在急躁的时候轻易做任何决定。

有一个"9010"原理,即在一生中会有10%的事无能为力,有90%的事在把握之中。由此可见,人的一生之中还是能把控的事比较多,对于可控的事情,我们要高度调动起主观能动性,不要忽视自己的力量,尤其是对于情绪的掌控,你要务必做到位。对于那些无法把握控制的事情,我们只能听天由命,所以做好自己分内的事情,其他的交给命运。

你和家人正在吃早饭的时候,女儿不小心打翻了桌上的牛奶,不偏不倚地洒在了你的衣服上。至此,这就属于10%的不可控,接下来会发生什么,很大程度上是由你的情绪决定的。如果你走暴躁路线,你首先会大声呵斥女儿,责怪她毛手毛脚,当妻子参与进来为女儿辩解的时候,你又开始将矛头指向妻子,责怪她平日过于娇惯女儿,所以她才会做事不稳重。

三言两语间,从一件小事不断升级为夫妻"战争"。因为吵架耽误了时间,妻子不得不赶快赶往公司,送女儿上学的任务就交给了你,你不得不抓紧时间换衣服出发。为了不让女儿迟到,你加足马力,在限速的路段开车超速,又要扣分又要罚钱。最后,女儿上学没有迟到,但你上班却迟到了,正好遇到领导来开早会,你被领导逮个正着,难免给领导留下了不好的印象。轮到你开始讲项目的时候,才发现自己把一份很重要的文件落在了家里,只好强装淡定,勉强应付了过去。一天下来,你似乎始终处在麻烦的旋涡中,不停地在"亡羊补牢",可为时已晚,搞得自己疲惫不堪。

如果你在一开始就换个情绪,不急不躁地处理这件事,一切都会变得不一样。

女儿打翻牛奶后,你没有责怪女儿,反而安慰她没关系,随后起身去换了身干净的衣服。女儿吃完早饭后,同妻子有说有笑地出了门,你也开始收拾准备出发。你不会迟到,不会忘带东西,一切都按部就班。

控制自己的语速,不要急于去解释或是争辩,说什么很重要,怎么说也很重要。正所谓"有理不在声高",有些人遇事喜欢大吼大叫,以为强势就能说服别人,其实只是虚张声势罢了。所以,不管是小争执还是大吵架,先把语速控制好,字正腔圆说清楚,听上去不紧不慢,但更有不怒自威的气势。

无论遇到什么事情,都不要让急躁影响我们的情绪,一旦被急躁冲昏头脑,就会影响我们的判断,最终或许会酿成无法挽回的错误。

两个朋友一起去旅行,小 A 是个急脾气,遇到事情就容易着急;

小B有个慢条斯理的性子，凡事都不争不抢，这两个人能够成为朋友，完全是因为自小就是邻居，否则根本玩不到一块儿去。在出发去机场的路上，小A就一直催促着司机师傅开快点儿。可走到半路上，才发现最重要的护照没有带，又赶紧催促司机师傅往回赶。好不容易赶回家，着急忙慌地找到护照，下楼的时候不小心崴了脚，这一下子就不得不放弃行程了。

如果一开始能够不慌不忙地把必备物品准备好，也就不需要着急返程；如果发现有遗漏的物品，能够按捺住急躁的情绪，妥善处理好问题，也就不会出现崴脚取消行程的事了。

急躁能解决什么问题呢？除了让问题变得越来越糟之外，几乎没有任何好处。

同事相处，多是以和气为主，但是也有部分人是比较容易急躁的，遇事就慌。比如项目出了问题，有些人选择先反思自己，是不是问题出在自己这里，想办法看看还能不能补救；有些人则选择从别人身上找问题，先发一通脾气，认为除了自己之外的人都做得不好。急躁的结果就是不分对错是非，先急再解决问题，但是情绪一旦急起来了，哪有思考的空间和余地呢？

小鹏的老婆晓晓刚刚考下驾照，还是个新手。有一天她自己开车去上班，赶上高峰期人杂车多，有个骑电动车的大妈闯了红灯，不小心剐蹭到了晓晓的车，原本是大妈有错在先，但是晓晓一下子就着急了，本来就赶时间，这下可好，不仅要迟到还得处理交通事故。

大妈也知道是自己理亏，所以也没敢多说话，但是晓晓一直在大声嚷嚷，最后大妈也不乐意了，直接和晓晓动起手来。交警赶过来的时候，两个人已经撕扯在一起了，最后晓晓不仅要承担自己的误工费，还要给大妈付医药费。

吃不得半点儿亏的人就容易急躁，因为涉及自身利益的问题时，就会格外激动。实际上，如果你能控制好自己的情绪，冷静地看待问题、处理问题，问题也未必会朝着更糟糕的方向发展，相反会及时止损，甚至通过解决问题而带来新的发展契机。

3. 犯不着为小事暴跳如雷

英国著名作家迪斯雷利曾经说过:"为小事而生气的人生命是短促的。"法国作家莫鲁瓦解释说:"这句话可以帮助我们忘却许多不愉快的经历。我们常常为一些不令人注意、因而也是应当迅速忘掉的微不足道的小事所干扰而失去理智。我们生活在这个世界上只有几十个年头,然而我们却因为纠缠无聊琐事而白白浪费了许多宝贵的时光。"

很久之前有位妇人,但凡有些没有随她心意的事就会生气,不管是朋友还是邻居,和她的关系都不融洽。其实她已经意识到自己的性格有问题,但是每次遇到不顺心的事还是会不高兴,根本不受控制。为此,她整日愁眉苦脸,却又无计可施。

一天,这位妇人与朋友闲聊时说起了自己的烦恼,朋友知道她为人并不坏,只是脾气暴躁了些,所以推荐她去找南山庙里的得道高僧,请他帮忙开解一下。

找到高僧后,妇人问高僧说:"大师,我为什么总是生气呢?"大师没有回答,只是请她随自己来到一个柴房门口,并请她进去。妇人不明所以,只能照做。在她走进柴房后,高僧迅速关门并上锁,不言不语地走开了。

妇人见状,一下子就生气了,呵斥道:"臭和尚,快点儿放我出去！"妇人又接连骂了许久，高僧仍没有反应，妇人不得已开始哀求，但高僧依旧保持沉默。最后，妇人停了下来，高僧问她是否还在生气。妇人生气地说："我在气我自己，为什么要来这里受罪。"高僧听后，淡淡地说："一个无法原谅自己的人，也就无法原谅别人。"又过了一阵子，高僧又问她是否还在生气，她平静地说："不生气了。"高僧问她原因，她无奈地说："生气又有什么用呢？"

高僧显然对她的回答还是不满意，接着说："你心里还是有火气，只不过此刻在压抑着，随后爆发的话会更激烈。"说完又走开了。妇人又独处了许久，高僧再来问她时，她回答说："我真的不生气了，因为不值得。"高僧摇摇头，笑着说："既然觉得不值得，那是心中有衡量，所以还是有气根。"

当夕阳落山时，高僧又来到柴房门口，还没等他开口，妇人问他："大师，气为何物？"高僧开门后笑而不语，将茶水倒在了地上。妇人思索片刻，叩谢回家了。

我们时常会生气，多数时候确信是他人伤害了我们，而非我们自身有错。但是，他人真的有错吗？真的值得生气吗？又或者有必要生气吗？实际上，伤害我们的不是别人，而是我们自己，生命不过几十年，将宝贵的时间用来生气是最愚蠢的，何不随它去，把时间留给生命中美好的事物。

在朋友那里听说过一个故事，受益匪浅。从前有个叫东吉的人，每次快要和他人发生争执的时候，就会围着自家的房子和土地来回跑三圈，跑完之后就坐在家门口休息。随着日子一天天过去，东吉凭借自己的勤奋拥有了越来越多的房子和土地，但生气就去跑步的习惯还是没有变。

对于东吉的行为，朋友和邻居都非常不解，他们都搞不懂他为什么这么做。许多人来问东吉，但不管谁问，他都闭口不言。当他七八十岁的时候，仍旧如此，哪怕年纪大了跑不动了，他就拄着拐杖慢慢绕着房子和土地走。因为房子、土地非常多，加上他腿脚已经不够灵便，要走好久好久，他的孙子不忍心看祖父如此辛苦，便劝他回家，并问他缘由。

东吉告诉孙子："年轻时，我和别人吵架，就会去围着房子和土地跑三圈，每次我都在思考，我只有这些房子和土地，有什么资格和人家吵架，为什么不去努力呢？想到这一点，我就不会生气了，而是将精力和时间投入工作中。"

孙子又问他："可是现在您拥有了很多房子和土地，已经是这里最富有的人了，又为什么还要围着房子和土地跑呢？"东吉回答说："我年纪大了，但仍旧会为小事生气，但每次绕着房子、土地跑圈的时候，我就会告诉自己，我已经有了这么多房子和土地，又何必和其他人为小事计较呢？如此，我就不会生气了。"

生气是不可能避免的，世界上还没有一个人说自己从来不会生气。所以，谁能够控制好自己不去生气，谁就是赢家，以旷达的心胸面对人生，尤其是无关紧要的小事，以沉着冷静去应对，能够减少生气的时间，就是对生命的珍视。

喜欢小题大做的人，自以为是捍卫权利和尊严，殊不知是以耗费生命为代价。况且，生气又能改变什么呢？如果生气能够解决问题，人生也就不会有那么多未解的问题。一个人被情绪牵着鼻子走，只能说明自己的无能，但如果能够改变自己的话，也就是改变了自己的一生，这将对人生产生重大意义。

小吴在同事眼中就是一个没脾气的人，似乎对什么事都不会生气，平日里总是乐呵呵的。一次，有人抢了他的业绩，他仍旧无所谓的态度。有人提醒他，这单业绩除了有丰厚的奖金外，还会直接影响晋升，让他去和领导反映一下，不要白白让别人占了便宜。小吴说:"没关系,有和他生气较真的时间,我不如多去联系一下客户,说不定会有更大的订单。"

如果是你,你会生气吗?大概率会的,自己辛苦跑来的业绩被人抢了,不仅亏钱还亏了机会,怎么能放任不管呢?但是,你有没有反思一个问题,为什么自己辛苦跟进的生意会被别人冒领?自己在工作上是不是有哪些漏洞?如果是这个人品质存在问题,你该如何应对?如果是自己的问题,你下次又该如何避免类似的事情发生?不管哪一种,本质上并不是让你忍耐和接受,而是明确生气是无用功。

将生气的时间用来调整自己的心态,学会排解自己的烦恼,放下耿耿于怀。生气会影响一个人的判断力,也会让其他人有机可乘。佛经云:"愤怒是无明火。"而《圣经·新约》则说:"当人在愤怒时,都是疯狂的。"当生气成为习惯,一生也就要困在怒气中了。应该将不生气变成一种习惯,凡事都要看开,才能收获更多的快乐和幸福。

4. 遵守成人社交礼仪

关于成人社交礼仪，确实有不少规矩，比如能发文字就不要发语音，尽量不要说"随便"，电话号码能复制粘贴就不要发截图，等等。其实，以上要求未免有些"玻璃心"且"小儿科"，但在成年人的世界，就要有成年人应有的心态去应对人际交往。所以，我总结了成人社交礼仪五条原则，供大家参考。

成人社交礼仪第一条：能不要求别人这样那样，就别要求别人这样那样。

一味地要求别人这样或是那样，就严重破坏了成人社交礼仪。孔子认为"己所不欲，勿施于人"，说的是自己所不愿意承受的事，就不要强加于别人，这是老生常谈；其实，即便"己所欲"也应该"勿施于人"，自己愿意承受的事，也不要强加于别人。

常说"严于律己，宽以待人"，但日常交往中却是"宽于律己，严以待人"，对自己要求格外宽松，对别人却格外严苛，要求别人这样或是那样，只是为了让自己觉得舒服，还美其名曰"社交礼仪"，实际上不过是一种被包装了的自私。

比如能说"可以、好的、知道啦"，就不要说"嗯"，有人觉得一个"嗯"略显冷漠，会有一种拒人千里之外的感觉，瞬间就不想再继续交流了。这是不是有点儿太敏感了，这只是你自己的感觉，对别人来说，或许这代表极为认真的回复。所以，成人社交礼仪第一条就是学会不对别人提要求。

成人社交礼仪第二条：三观不合，不要强行说服。

世界的精彩之处正在于它的千姿百态，正是有了复杂多样的思想才造就了你我的独一无二，可惜总有人试图以自己的理论说服别人、评判别人，但凡与自己有不同，就恨不能长了十张嘴来说，直到对方"改邪归正"才心满意足。请记住，在成年人的世界中，强行说服别人是一件极为招人讨厌的事情，我的价值观你可以不认同，但请保持应有的尊重并且不要妄加议论，不求理解接受，但求相安无事、求同存异。

一个30岁的已婚女同事经常磨破了嘴皮子劝说另一个30岁的未婚女同事要早点儿结婚，理由是女人一过30岁就失去了竞争力，只能等着别人挑来挑去。未婚女同事对已婚女同事的劝告不屑一顾，坚持认为女人结婚是对自身的一种消耗，时不时地感叹已婚女同事太辛苦，既要伺候老的，还要照顾小的。关于婚姻这个话题，两个人试图说服对方，一方鼓吹生儿育女幸福一生，一方歌颂单身贵族潇洒一生。既然三观严重不合，那就不要非得说服对方。

有些人就是喜欢将自己的观点强加给别人，这是人际交往中极为令人反感的一点，你走你的阳关道，我走我的独木桥，各走各的路，不要总想着说服别人。

成人社交礼仪第三条：不要贬低别人的爱好。

所谓萝卜青菜各有所爱，但偏偏有些人不理解，随意贬低别人所中意的人或物，好像只有这样才能显示自己的正确性和优越感。这样的人在日常交往中绝对不是少数，遇到这类人分分钟就失去了交谈的愿望。

一个年轻的同事喜欢动漫，闲聊的时候偶有提到，一个稍微年长的同事马上笑道:"那都是给小孩儿看的,没有任何价值,你以后还是不要在上面浪费时间了。"年轻的同事尴尬地笑了笑,隐忍着没有说话。还有一位同事是个小姑娘,喜欢一个刚出道不久的歌手,不仅大手笔买入他的专辑,还买了许多周边产品,时不时地念叨着他太帅了。这时,这位年长的同事出现了,开玩笑地说:"你竟然喜欢他?没唱功、没演技,你该去眼科看看眼睛了。"小姑娘很生气,回呛道:"有你什么事儿!"

你可以看不惯,但千万不要把人家视为珍宝的东西贬得一文不值,想畅所欲言也要把握好方向。

成人社交礼仪第四条:尽量不要麻烦别人。

举手之劳,是对方的自谦,不是你麻烦别人的理由,况且即便举手之劳也会耗费别人的精力和时间。所以,无论亲疏远近,麻烦人的请求尽量免开尊口,每个人都在忙着养家糊口,如有需要可以谈一下报酬,别怕"谈钱伤感情",不谈才会伤感情。

做设计的人,他就会成为所有熟人的设计师,有人新房装修会找他,有人开店创业也会找他,还会自以为贴心地叮嘱一句"随便一弄就行",或者自以为了解安慰一句"一个Logo而已,不会耽误你太长时间"。但事实上,设计师朋友的工作早已饱和,如果他没有拒绝这些看似简单的请求,就意味着他不但要加班加点工作,还要压缩自己的休息时间来完成"举手之劳"。

能自己做的事就自己来完成的,能不麻烦别人就不要麻烦别人,彼此都很忙,就不要给别人增添不必要的负担了。

成人社交礼仪第五条:不要对别人的生活指手画脚。

不知道从什么时候开始,又或许是自古以来就是如此,总有人喜欢对别人的生活指手画脚,哪怕他自己的生活经营不善甚至已跌进泥潭,也忍不住对别人的生活发表"高见",告诉别人应该如何、不该如何。尤其是有些人善于用自己所谓的人生经验去教导别人，仿佛只有他说的这一条路才能走得通，若是遭到对方的不屑或反对，就是对方不知好歹。在成年人交往中，非常重要的一点就是不要对别人的生活指手画脚，尤其是自以为是人生真理的看法。

难得有人能够拎得清楚，管好自己就可以了，少管闲事，少为别人操心。有个朋友生活在小城市，结婚两年尚且没有生育的打算，这可急坏了一众已经生儿育女的同龄人，纷纷表示再不生孩子就晚了，一定要抓紧时间。这个朋友不胜其烦，平日里劝她生孩子的这些朋友，可没少抱怨生活不易、养孩不易，但纵然知道会有千辛万苦却依旧坚持不懈地劝说。

那些关于人生的大道理，自己消化吸收就好，不要随便做别人的人生导师，也不要对别人的生活指手画脚、品头论足，尽量克制自己"指点江山"的欲望。

归根到底，成人社交礼仪的基本原则是掌握好距离感和分寸感，让彼此在人际交往中都觉得舒服，而不是处处苦不堪言。

为了让我们拥有良好的人际关系，以上五条社交礼仪与君共勉。

5. 不做"隐形贫困人口"

"隐形贫困人口"这个词一度被推上风口浪尖，秉持客观中立的态度审视我们的生活模式，看到的是迷失与挣扎。存款，哪儿去了？

究其原因，是无止境的欲望在支配我们；同时，受外在不良因素的影响；此外，父母无私的兜底，给了我们成为"隐形贫困人口"的"勇气"。以内心为起点，借由来自四面八方的"助力"，有些人在"隐形贫困人口"这条路上渐行渐远。

总的来说，隐形贫困人口，不过是被欲望驱使的显性贫困人口。

经常会有人说，现在有的年轻人太现实，比如，谈婚论嫁看重物质基础，还要看颜值。然而，在我看来，恰恰相反，这些看重物质基础和颜值的年轻人是太不现实。结婚之后在一起生活，最主要的还是精神世界的统一。

俗话说"穷有穷的活法，富有富的活法"，但有些年轻人却沉浸在"自不量力式"消费中无法自拔。

小林是典型的隐形贫困人口，月薪5000，却过着月薪两万的生活。她没有房贷、车贷，生活消费多以吃喝玩乐为主。比如，来一场说走就走的旅行，时不时买个万元背包犒劳自己，有了上万的背包，衣服、鞋子、化妆品必须跟上，用奢侈品武装全身。一身名牌，还能去挤地铁吗？肯定要改成顺风车。午饭岂能将就？哪家贵吃哪家。单是信用卡就办了不下五张,拆了东墙补西墙,享乐至上。欲望在燃烧,信贷在招手,一拍即合,买买买。

有人会说,月薪五千没有资格过有品质的生活吗?

第一,不是没有资格,而是不要过度消费。透支消费,养大了欲望,饿瘪了钱包,迷失了自我。

第二,所谓品质生活,不完全是用钱得来的。多少人外表光鲜亮丽,实际上床单被罩几个月不换一次,家里乱成一团,每天靠外卖填饱肚子,不上班就窝在家里玩一天手机。

信用卡和小额贷的出现,一边解决了一些人自身存款不够但着急用钱的难题,一边让有些人忘乎所以,不顾自己的经济实力,放任自己的欲望,见啥买啥,造成没有办法还贷的困境。及时行乐也是一种生活态度,但借钱行乐的本质就变了。

认清现实,量力而行,否则只是打肿脸充胖子罢了。

我们有时候会被"毒鸡汤"影响而不自知,错误的引导会让我们迷失前进的方向。

网络上会出现推荐年轻人购买昂贵化妆品的文章,标榜越是贵的化妆品,越能滋养皮肤。于是很多年轻人一掷千金,去购买与自身经济实力不相符的东西。殊不知,正是在这种误导下,让年轻人丧失了理性思考的能力。

我们中有些优秀的年轻人,能够依靠自己付首付、还房贷,把生活过得有滋有味。也有一些人日常生活花费都需要依靠父母的资助,他们深知父母省吃俭用一辈子,是有些存款的,于是继续安心享乐,骄傲地做着"隐形贫困人口",没钱了就向父母开口,而父母也时刻准备着,将省吃俭用存下来的钱毫无怨言地交给他们。

我们更应该关心父母的吃穿用度。当你刷卡买名牌背包的时候,看看老妈的背包是不是太旧了;当你琢磨买一双品牌运动鞋犒劳自己的时候，看看老爸的运动鞋是不是已经变形了。

世界那么大，你也想去看看，但是囊中羞涩，便无所顾忌地向父母开口要赞助，父母给了你所要的钱，希望你能同时考虑一下这些钱他们攒了多久。嘴上说着追求独立自由，但到了用钱的关头，依旧理所当然地依靠着父母。

即便没能让父母过上更好的生活，没有人责怪我们，但别让父母为我们的"隐形贫困"买单。

人生在世，每个人都有自己的生活方式，这没有错，但你靠透支钱财换来的生活并不安稳。没有人要求你做苦行僧，但你也要量力而行。试着控制自己的欲望吧。

我呼吁亲爱的朋友们，时刻保持清醒的头脑，追求物质生活没有错，但要看清自己的实力。要一边创造，一边享乐，并且创造一定要放在前面。

6. 打造有趣的灵魂

有趣的灵魂，是这个时代的稀罕物。无趣的灵魂大多雷同，有趣的灵魂则各有特色。为自己打造有趣的灵魂，去替代暴躁易怒。

总有人抱怨生活千篇一律，陷入重复之中难以自拔，避无可避、逃无可逃，只好一边厌倦至极，一边继续无奈。有人是生活，有人则只是活着。生活不易，但不是无趣的理由，不要把乏味归咎于生活。单调的生活大多雷同，有趣的生活不尽相同，而有趣的灵魂多有一双善于发现乐趣的眼睛以及自得其乐的天赋。

未必要有钱有闲才是热爱生活的资本，有心之人就有机会摸准有趣的命脉，找到属于自己的小乐趣。汪曾祺曾说："如果你来访我，我不在，请和我门外的花坐一会儿，它们很温暖，我注视它们很多很多日子了。"无趣的人会觉得幼稚，有趣的人会莞尔一笑，认真地坐一会儿，时不时和花朵对视，你瞅瞅花朵，花朵也瞅瞅你，你有音容笑貌，花朵有花蕾花蕊，不同的生命构成了不同的美，只要你有心，一切皆有成为乐趣的潜质。

孩童时代，有纯真之心，搬家的蚂蚁、躲雨的青蛙、吵闹的知了，都那么有趣。随着年龄的增长，我们的关注点局限在为生计奔波上，筹划着赚更多的钱，算计着买更大的房子，逐渐困在一条轨道上动弹不得。可怕的是，有些人并不自知，仍埋首于对物质的追求上,或是随波逐流,社会上流行什么就喜欢什么。

汪曾祺有一篇散文《自得其乐》,讲他在写作之余的消遣,有"写写字、画画画、做做菜",简单生活却有无限趣味。

写字、画画,甚至做菜,都需要足够的耐性,至于有些人推崇仪式感,写字、画画的时间不长,准备工作却细致又周到。汪曾祺则不同,有了兴致,就随意把书桌上书籍信函往边上推推,摊开纸就写,心情到位就好,没有多余的讲究。写起来也不局限于条条框框,没有任何束缚,偶尔酒后落笔,"字写得飞扬霸悍,亦是快事"。不设限,也就有变化的乐趣。

对于做菜,汪曾祺很认真,自己提着菜筐去买菜。他每到一个新地方,对百货商场无感,反而专爱去菜市晃悠,觉得这里更有生活气息。对他而言,买菜的过程就是构思的过程,原本打算炒一盘雪里蕻冬笋,但如果菜市场的冬笋卖完了,却有新到的荷兰豌豆,那就"临时改戏"。

他对做菜颇有研究,坚持"要多吃,多问,多看(看菜谱),多做",想做到色香味俱全,就要"试烧几回",才能掌握咸淡和火候。与一般做菜不同,他推崇想象力,"想得到,才能做得出"。他富于创造力,发明了一道塞肉回锅油条,具体做法是"油条切段,寸半许长,肉馅剁至成泥,入细葱花、少量榨菜或酱瓜末拌匀,塞入油条段中,入半开油锅重炸",自己的评价是"嚼之酥碎,真可声动十里人"。

回想一下我们做菜的心情,嘈杂的菜市场、呛人的油烟、一成不变的几道菜,我们是为了喂饱肚子,汪曾祺却是在果腹的同时安慰了灵魂。对人间烟火,我们多了几分烦躁与不耐烦,而汪曾祺却正好相反。那些乐趣就浮于表面,根本不需要挖掘,而我们却熟视无睹。汪曾祺的儿子如此评价自家老爷子:"对于生活中的美,哪怕只存在于犄角旮旯，他也要极力挖掘出来并着力表现，这是他的作品的基调，是发自内心的诉说。"

有人会说，汪曾祺功成名就，风生水起，自然有闲情雅致，我们奔波一天，哪里还有心情和精力呀？人生没有一帆风顺，这话已经说烂了，但其中真正的精髓却鲜有人懂。周折和坎坷是人生常态，所以要笑对人生八十一难，有些恼人的、愁人的事，大可释怀，留些闲情用于生活。

汪曾祺有一本《人间草木》，是写他的旧人旧事、旅行见闻、各地风土人情、花鸟虫鱼的经典散文集，读来颇有味道，如他儿子汪朗所言"觉得他的文章看着不闹腾，让人心里很清净，文字干净通透，不牙碜"。有一篇《葡萄月令》，描写的是他被下放到张家口的一家农科所改造，哪怕遍尝辛酸，字里行间流露出的仍是暖意，他的儿子直言"这个老头儿，即便在那种倒霉的境况下，写出的东西还是很放松，很有味儿，还带点儿幽默，真是不可救药"。

汪曾祺的儿子在《人间草木》的序言里，提到了老爷子之所以钟情于花鸟鱼虫，是他认为"人们如果能够养成一些正常爱好，具备文明素养，懂得亲近自然，知道欣赏美，就不至于去搞打砸抢，去毁坏世间的美好事物"，因此，"他想通过这些文章呈现各种美好的东西，让人们慢慢品味，懂得珍惜"，正应了老爷子的一句诗"人间送小温"。

如果能够多发现些其他乐趣，也就不至于空虚寂寞，整日盯着别人看，处处攀比，甚至迷上些不三不四的东西而误入歧途。夕阳下散步是种乐趣，乘着自家的游艇出海也是种乐趣，不在于花钱与否、奢侈与否，珍贵的空气是共享的，乐趣亦是如此。

《杨恽报孙会宗书》云："田彼南山，芜秽不治。种一顷豆，落而为萁。人生行乐耳，须富贵何时。"一句"人生行乐耳，须富贵何时"，何其洒脱。及时行乐，不是放纵，只是从寻常之中琢磨出一些趣味。

　　有趣的灵魂也并非遥不可及、高不可攀，每个人都可以通过发掘出不同乐趣，点缀平凡的生命，让自己不只是活着，而是有滋有味地生活。如此，生活的苦闷会大大减少，内心世界才能更加平和，自然而然地就会远离暴躁焦虑。

7. 慢条斯理表主见

在生活和工作中，会有太多与人产生磕磕碰碰或是意见不统一的时候，那就一定要大声回击去吗？当然，每个人性格不同，处事方式也不同，是强硬回击还是沉默以对，都会产生不同的影响和结果，但不管哪一种，都不如慢条斯理地去表达更好。

遇事不瘟不火，条理清楚地表达心中所想，这样才能解决问题，而不是创造问题。淡定从容，一定要比暴躁狂妄来得更讨人喜欢，不但不会输了气势，还能体现自己的修养。

沉住气，调整好自己的语气，一字一句地说清楚，让每一句话都有条有理。在淡定自若中，阐明自己的立场，如此才能彰显大将之风。一个情绪稳定的人，一定比只会大喊大叫的人更受人尊敬和认可。

那些梗着脖子、大声嘶吼、面红耳赤的人，声音一个比一个高，脾气一个比一个大，最后又如何呢？反而自乱阵脚，更容易漏洞百出，让对方抓住反击的把柄。

有理不在声高，不管是西方还是东方，著名的辩论家绝对不会通过吵嚷来说服对手，而是心平气和、慢条斯理地表达见解。自己不会气恼，对方也更容易接受你的观点。

齐国人晏婴，是春秋后期一位重要的政治家、思想家和外交家，素来以口才闻名诸侯各国。一次，他出使楚国，更是凭借自己的口才赢得了尊重。

当楚王听说晏婴要来的时候，知道他能言善辩，就向身边的大臣寻求羞辱他的办法。左右侍臣提议，在晏婴来的时候，绑着一个人经过，楚王可询问此是何人、犯了何罪，属下便会回答是齐国人，犯了偷窃罪。

这一天，在楚王设宴款待晏婴时，两名小官果然绑着一个人来到楚王面前。正如之前设计的那样，楚王进行了一番询问。在得到答案之后，楚王得意扬扬地看向晏婴，不怀好意地问道："齐国人本来就善于偷盗吗？"

晏婴自知楚王是何居心，却并没有急着生气或是辩解，而是慢慢走到楚王面前，发表了自己的看法，他说："我曾听说过这样一件事，橘树生长在淮河以南的地方，就是橘树，而生长在淮河以北的地方，则是枳树。橘树与枳树叶子相像，但它们果实的味道却大不相同。这是什么原因呢？自然是水土不同所导致的啊。老百姓生活在齐国时并不偷东西，来到楚国生活却学会了偷东西，莫非楚国的水土使百姓善于偷东西吗？"楚王听后，赶忙示弱，打趣道，自己与圣人开玩笑，真是自讨没趣。

晏婴知道这一切都是楚王安排的"好戏"，如果急着反击，那就会造成冲突，尤其对方是一国之君，自己作为臣子怎么能惹恼了他，这会影响到齐楚两国的关系，实在没有必要逞一时之快。

脾气暴躁的人忍受不了对方的挑衅，俗称"点火就着"。虽然内心早已波涛汹涌，但还能暂且维持表面的平静，可一旦遇上出言不逊的人，那就会变成硬碰硬，甚至会以更加强硬的态度回击。

我们千万要保持冷静，哪怕是对方步步紧逼，也不要丢了自己的理智和风度。他狂就任他狂，我们就调整好自己的情绪，用平和的心态去面对，不要跟着对方的节奏走，而是要把握好自己的节奏。

不是让你面对不满却选择忍耐顺从，也不是遇事就要态度强硬，而是学会如何去表达主见。发脾气会伤和气，还会伤身体，对人对己都不是很划算。

比如夫妻之间，如果对方提出让你无法接受的要求，先不要生气吵架，好好讲明自己的想法比较重要。如果对方尊重你、心疼你，就不会无视你的想法。

小丽和小凯结婚三年，有一个儿子，三口之家幸福美满。小凯时常邀请朋友们来家里做客，酒足饭饱之后也会在家中打牌。小丽不反对他们来家里吃饭和打牌，但是不喜欢他们在家里抽烟，弄得家里烟雾缭绕，孩子还小，要一直吸二手烟，有损身体健康。之前为了不让小凯扫兴，所以小丽一直忍着没有提过这件事，通常都是她忙前忙后，精心为他们准备好酒好菜。

这一次，小凯又要邀请朋友来家中做客，跟小丽说了这件事之后，小丽直接爆发了，控诉他只顾自己享乐，前几天刚刚在家聚过一次，一直加班的小丽回到家不仅得不到充分的休息，还要张罗饭菜，为他们当服务员，可小凯却根本不懂她的付出。这还没过几天，又要来家里，这让小丽实在没办法忍下去了。

听了小丽连珠炮似的控诉，小凯反而更加生气，他觉得小丽是在影响他的友谊，说她就是想让自己失去朋友，变成一个不合群的人。对此，两个人大吵一架，小丽委屈极了，直接带着孩子回了娘家。回到父母家，小丽的母亲了解了情况后，不但没有安慰小丽，反而把她数落了一顿。

母亲语重心长地对她说："你有意见可以说，为什么非得通过吵架的方式表达出来呢？第一，你早就不满意了，为什么不及时和自己的丈夫沟通？你早些说，他也就会早些知道。第二，可以好好说就不要红着脸说,这不仅不起作用,反而影响夫妻感情。"说完之后,小丽的母亲给小凯打了电话,让他赶紧把媳妇接走,并叮嘱他们,夫妻俩的事情要自己解决,不要动不动就回娘家来。

不得不说,小丽的母亲是个明事理的人,没有不分青红皂白就埋怨女婿,而是跟女儿讲道理,传授自己的经验和教训。夫妻相处,天天住在一个屋檐下面,要是学不会心平气和表达意见,那在两口子的生活中就会大大增加吵架的频率。

说气话之前,先深呼吸,趁着气话还没说出口,平静一下心情。越是对方不易接受的话,越是要慢条斯理地去说。

Part 4　包容之心能够消除戾气

心有多大，舞台就有多大。包容之心有多么广阔，你的情绪也就有多么平和。因为你能包容，也就给了自己极大的缓冲空间，你的戾气也就会随之弱化，自然而然地就不会成为一个暴脾气的人。所以，去拥抱一颗包容之心吧，它会带领你重新认识这个世界，也将带你重新感知这个世界。

1. 别拿别人的错误惩罚自己

在哲学家眼中,愤怒是最没有效用的一种情绪,往大了说甚至会限制人类的发展。作为渺小的个体,我们当然无须以人类发展的重要性来作为自身的约束,但对于我们自身而言,愤怒也是应该加以克制的。

当我们的怒火开始燃烧,理智马上就要被愤怒吞没时,不妨先用几分钟思考一个问题,即我们到底在为了什么而生气。冷静下来,把来龙去脉梳理清楚,免得因为怒气而影响自己基本的判断。正如哲学家所说,愤怒的所有原因基本都可以归到自我身上,既然总结来总结去,问题的根源在我们自身,那又何必跟自己生气呢?

掌控好自己的情绪,千万不要拿别人的错误惩罚自己,比如有些人喜欢说"我懒得跟你生气",其实这个态度就挺好,不管是因为懒还是因为不屑,只要不生气就好。错在他人,生气就是拿别人的错误惩罚我们自己;错在我们自己,那生气就更没必要了,跟自己都生气的人,对待别人的时候也不太可能懂得包容两个字。

常言说,凡事想开一点儿,朴素的话语饱含着生活的真谛。面对不愉快的事,尽量保持淡定,有一句话颇富哲理——"得与失、是与非,都是一种公平",短短12个字,但却值得反复思量。事出皆有因,有因必有果,执拗于结果而打不开心结,就是在白白糟践自己的生命。公道自在人心，而非依靠生气、发脾气得来的。

既然已经不能顺心遂意，就更应该停止惩罚自己，用心态做解药，治愈愤怒、失望和无奈。人生说长不长，屈指可数，不过短短几十年，但人生又相当漫长，有无数个黑夜白天，有一轮又一轮的四季更迭，走过每一分每一秒才能慢慢抵达生命的彼岸，这路程之中就会有数不胜数的不如意、不顺心，那是不是要每出现一次就要生气一次？你的生命可以用来奋斗，用来奉献，甚至用来享乐，但如果浪费在和别人置气、和自己置气上，简直就是愚蠢。

想要驾驭自己的人生，就先把空洞自大的口号放下，去学会控制自己的情绪，用宽恕的眼光看待别人的错误，将自己从愤怒的自我惩罚中解脱出来。不经常生气的人一定比其他经常生气的人活得更轻松惬意，这与周遭的环境无关，单纯就是脾气秉性造成的差异。

同样都是50多岁的中年妇女，一个每天乐呵呵，从不斤斤计较；一个每天愁眉苦脸，四处抱怨。只从面容貌上来看，一定是前者更显年轻。从心底里散发出来的豁达洒脱，是能够给一个人的气质加分的，相反，如果是小肚鸡肠的人，必然会因为经常生气而倍显衰老。短时间必然看不出什么改变，但是将时间线拉长的话，是会产生明显变化的。在我们的身边，一定会有这样的对比，为了成为和蔼可亲的老头、老太太，还是少跟别人生气为好。

生活不易，为生计奔波，忙碌又辛苦，烦心事更是接二连三，要是没有好的心态，没有自控情绪的能力，那肯定会被生活的一团乱麻虐得体无完肤。到时候应该怪谁呢？与其到时候追责，不如自己率先做出改变。

自从小周有了新的合租舍友，她每天都愁眉不展，无论是工作时间还是休息时间，都忍不住向同事、朋友吐槽。舍友的种种恶习，让她实在难以忍受下去，明明外表干净整洁的女生，却在家里乱扔衣服、袜子，弄得到处都是脏衣服，乱糟糟地堆在一起；吃完饭不及时刷碗，洗碗槽里堆满了油腻腻的碗筷，甚至有几次都放到发霉了；每次用完浴室都不会打扫，满地都是一团一团的头发，用完的毛巾也随手一扔……小周碍于情面，不敢明说，唯恐让对方丢了面子，所以只好自己默默收拾打扫，但人前乐呵呵，人后苦兮兮，严重影响到了她的心情。

明明是舍友的错，却是小周在承受负面情绪，明明可以摆在明面上沟通一番，却要两副面孔，忍气吞声，何必呢？

马姐每天坐地铁上下班，赶上高峰期，车厢里人挤人，经常被别人踩到脚，这时候她的好心情就化为乌有。有时候遇上只顾低头玩手机的人，一不小心就撞个满怀，这让马姐也气不打一处来，一路骂骂咧咧来到单位，看谁也不顺眼。有时候同事犯点儿小错，她就将愤怒发泄到同事身上，不管不顾地一通臭骂，好像在地铁上踩她脚的人正是眼前这位无辜的同事。

明明是别人的失误，却是马姐在消化负面情绪，明明可以一笑而过，原谅别人的无心之举，可她偏偏当作受了天大的委屈一样。

有话不能直说，有情绪不能妥善处理，这就是许多人的通病，所以造成的结果就是，自己生闷气。改变不了别人，也改变不了自己的心态，就只能通过生气来转移无能为力所带来的无奈。

你是爱生气的人吗？你会因为别人的过错而耿耿于怀吗？善待自己，从停止因为别人生气开始。今天因为甲生气，明天因为乙生气，后天因为丙生气，久而久之变成习惯，你也就变成了一个小心眼、爱生气的人。

一个经常牢骚满腹的人，就如同被困在了负面情绪的泥潭里，时间久了就变得习以为常，察觉不到自己的喜怒无常，更无法意识到自己对自己造成了怎样的伤害。

有时候是对方有错在先，又小肚鸡肠，免不了遭人厌恶；有时候是对方无意为之，造成了不好的影响；也有时候，是我们自己夸大了别人的错误，抓住别人的小过错不放，从而堆积怨恨。不管别人的错误是什么性质的，不管对你造成了怎样的负面影响，一旦你斤斤计较，就是在用戾气惩罚自己。

牢记"没关系"三个字，常对别人说，也常对自己说。别人的确有错在先，但你的自责、愤怒只会加重自己的痛苦。烦恼的根源在他人，但最终让自己苦不堪言的原因，却是自己放不下。

别人犯错，就让他一个人独自承担惩罚，而你可以选择原谅，也可以选择不原谅，但不管你是释怀还是记仇，当下要做的都是平息自己的怒火，还自己一个平和的情绪。请记住，错的人是别人，不要用生气来惩罚自己。

2. 别被嫉妒冲昏头脑

嫉妒，一种因人胜过自己而产生的忌恨心理，常伴随气恼、羞辱、不满或不安。通俗来讲，就是老百姓常说的"红眼病"，从攀比败落的失望，到自叹不如的挫败感，最终就会演变成怨恨。

古往今来，常见嫉妒之心，可谓人类的一种天性。《古今小说·宋四公大闹禁魂张》中描绘说："王恺羞惭而退，自思国中之宝，敌不得他过，遂乃生计嫉妒。"巴金《灭亡》中也提到："不过一般小人总有嫉妒贤者的心思，因此有些不满意他的人便造了不少的谣言来诽谤他。"可见嫉妒不分种族，不分中外，它深深扎根在人类的意识中，时不时就会出来作祟。

其实，嫉妒绝不是简单的一种情绪，它包含着较为复杂的心理状态，比如焦虑、羞耻、敌意、怨恨等。被嫉妒的对象更是宽泛，别人富裕优越的家世、出类拔萃的工作能力、天生的歌喉、姣好的容貌……各种各样的因素都可能成为被嫉妒的对象，甚至有人会嫉妒别人的手指甲长得好看。

一个人不可能永远不产生嫉妒心理，只不过在一个阶段之中暂时被隐藏了起来。那些嫉妒可能是同事在年会上抽中了大奖，我们会觉得他太过幸运，较为轻微的嫉妒就是简单的羡慕，希望自己也能有对方一样的好运气；可能是朋友的家庭关系温馨和睦，我们也会嫉妒，因为自身家庭氛围不好，所以希望自己也能拥有那样的家庭氛围；可能是暗恋的人对其他人关照体贴，我们也会嫉妒，想不明白为什么自己就得不到他的偏爱……

既然嫉妒作为本能，无法从意识中彻底将其磨灭消除，那我们就应该理性地处理这种心理，自主地去纠偏，避免被嫉妒之心主导情绪。

阿欣是亲朋好友眼中的乖乖女，不论在学业还是工作上都是佼佼者，性格又乖巧善良，不出意外地成了"别人家的孩子"，作为阿欣的妹妹，阿怡倍感压力，她嫉妒姐姐，渴望成为姐姐那样优秀的人，但也看到了姐姐之所以能够如此优秀，确实付出了超出常人的努力。在难以抑制的嫉妒心中，她也倍加努力，试图用行动缩短差距，弥补自己的弱势。比如姐姐雅思考出了高分，那么她也要挑战一下；姐姐空余时间在学习其他技能，她也抽时间去提升自己；姐姐还坚持锻炼，时不时就去健身房打卡，她也坚持跑步，努力保持好身材。

阿怡的所作所为就是理性的嫉妒，姐姐更优秀是事实，确实让她产生了挫败感，但她没有将嫉妒转化成敌对的心理，而是客观审视自己，努力去得到自己想要的一切。说白了，就是你可以嫉妒别人，也可以羡慕别人拥有的一切，但是嫉妒归嫉妒，羡慕归羡慕，要清楚为了那些目标，自己该如何去做。

山外有山，人外有人，比我们更优秀的人比比皆是，如果遇到一个优秀的人就满腹嫉妒，从而仇视对方，将对方视作假想敌，那也就永无宁日了。不如坦诚接纳自己的差距，从自身出发，依靠改变自己来获得自己想要的东西。有些人的嫉妒心完全演变成了憎恨，直接被嫉妒冲昏了头脑，从而采取极端的手段去迫害别人，最终害人害己，这是值得我们警惕的。不是让你消灭自己的嫉妒之心，而是让你打消因嫉妒之心所产生的邪念。

同事之间必然存在竞争关系，但如果不能理智处理，就会做出让自己后悔的行为。小马原本是部门优秀代表，无论是能力还是业绩都很出众，因此备受领导赏识。后来，部门来了一个新同事小吴，与小马相比，各方面的条件都有过之而无不及，而且为人亲和，迅速和同事打成一片，工作能力也突出，很快就赢得了领导的青睐，在各种场合都会对小吴大加赞赏。

一向好胜的小马无法接受自己被冷落，起初还能够心平气和地与小吴相处，但随着小吴在部门受欢迎的程度直线上升，嫉妒心慢慢爆棚。偶尔，小吴来找小马寻求帮助，小马就会冷嘲热讽地说："呦，你也有自己搞不定的事情啊。"有时候，对小吴的提出的方案，小马也会针锋相对，而且态度愈发偏激。其他同事都察觉到了小马是在针对小吴，提醒小吴要多加注意，尽量不要发生正面冲突。小吴也深知自己的处境，有意收敛锋芒，奈何小马咄咄逼人，处处难为她。最终，其他同事不满小马的所作所为，渐渐疏远了她，甚至领导也开始对她有了负面看法。

莎士比亚说："您要留心嫉妒啊，那是一个绿眼的妖魔！"确实，如果一个人被嫉妒蒙蔽了双眼，无法容忍其他人的优秀和幸福，也就更容易放任自己以卑劣的手段去搞破坏。当一个人受嫉妒的驱使时，他也就相当于在一步接一步地摧毁自己。

为了避免被嫉妒冲昏头脑，有以下几点可以牢记在心中。

第一，要不断开阔自己的视野，目光短浅的人才会陷入嫉妒的泥沼中。你见过了更广阔的世界，也就不再是井底之蛙，你会甄别什么是真的无与伦比，而什么又是微不足道。

第二，要正视嫉妒，嫉妒之心与爱美之心一样人皆有之，但嫉妒的本质是对自己的否定。认为自己处处不如其他人，也就是处处小看自己,"涨他人士气,灭自己威风"的事,能少干就少干,对自己实在没有啥好处。应该自谦,但没必要妄自菲薄。

第三,扬长避短,发挥自己的优势,弥补自己的短板,从而将嫉妒化为力量。你真切地发现过自己的与众不同吗?你能发自肺腑地认为自己弥足珍贵吗?先客观地点评一下自己吧,找出优势和劣势,让优势变得更强,让劣势变得不再是劣势,慢慢地,你将会成为别人羡慕的对象。

第四,与人为善,学会控制自己的嫉妒,而不是被嫉妒心控制,不要因为自己的嫉妒心而伤害别人,或者给别人造成不必要的困扰。害人之心千万不能有,这是做人的底线和基本原则,你可以偷偷嫉妒和羡慕,默默幻想着自己想要得到的一切,但因为嫉妒而去伤害别人,这就成了品性的问题。

第五,学会自我疏导,积极引导自己专注于自身提升,与自己作比较,不断超越自己。如果你的目光一直注视着别人的话,怎么能有时间关注自己呢?紧盯着别人不放,就容易迷失自我,如果收回目光,专注于自身,你将得到更多提升自己的机会。

善妒的人是自卑的,不认可自己才会经常去与其他人进行比较,又难以接受别人比自己优秀的事实。费尽心机去攻击别人,与其说是对别人的不满,不如说是对自己不满。

3. 放下纠葛，让敌人变朋友

有一句非常值得深思的话，"敌人变成朋友，就比朋友更可靠；朋友变成敌人，就比敌人更危险"。按照常理来讲，面对敌人，要不失勇敢、不失智谋、不失沉稳，为的是打败敌人从而保护自己，尤其在敌人面前不能露怯，这都是常规操作。但事实上，除了消灭敌人这条路之外，还可以化敌为友，如此一来，敌人也不再是敌人，这也是一种更明智的选择。

林肯总统对待政敌向来宽容，甚至引起了个别议员的不满，这位议员认为不应该试图和政敌做朋友，而是要消灭他们。对此，林肯表示，当与政敌成为朋友时，也正是在消灭敌人。

比如约翰·列侬，就率先让可能成为"敌人"的人变成了朋友。故事还要从1957年说起，当时默默无闻的约翰·列侬通过一场演出认识了保罗·麦卡特尼，在约翰·列侬表演结束后，这位年仅15岁的年轻人将约翰·列侬批评了一顿，说他唱得不对，吉他弹得也不好。为了让约翰·列侬心服口服，保罗·麦卡特尼直接用左手弹了一段，不仅弹得行云流水，还记住了所有歌词，这让约翰·列侬心服口服。接下来，约翰·列侬做了一个正确且机智的决定，他邀请保罗·麦卡特尼入团，由此，"披头士"乐队诞生了，成为20世纪家喻户晓的乐队，歌曲火遍全球。

比起消灭敌人,或许让敌人成为朋友更简单,但似乎更多人宁愿选择树敌,也不愿化干戈为玉帛,最终给自己带来许多不必要的麻烦。

晓梅是个好胜心极强的人,但可惜只有好胜心,既没有支撑好胜心的能力,更没有平和接纳自己无能的心态,加上喜欢斤斤计较,所以搞得工作一团糟。

一次,晓梅的项目组要和其他分公司做竞赛,有一个很关键的环节需要产品部的小李帮忙,但早在很久之前,因为在晓梅评选优秀员工的时候,小李投了其他人一票,所以晓梅至今耿耿于怀,但凡有需要和小李打交道的事,都会故意使绊子。小李也不是善茬,知道晓梅故意为难他,平日里也没少针对晓梅,时间久了,矛盾越积越深。

赶上这次项目竞赛,晓梅原本打算想其他办法解决,奈何始终绕不开产品部的小李,思来想去,还是决定顾全大局,放下个人恩怨去拜托小李。起初,小李并不打算帮她,但回家跟妻子聊起这件事时,妻子劝他,不如借这个机会改善一下两个人的关系,这次是晓梅需要帮助,那下一次可能就是小李自己需要晓梅的帮助,与其到时候尴尬地求助,不如现在就放下彼此的纠葛,真心地交个朋友。小李想了想,确实如妻子所说,部门之间难免会有来往,产品部需要项目组的帮助也很常见,不如趁这个机会化敌为友。

当晓梅找到小李表明来意后,小李的态度让她很吃惊,不仅没有冷嘲热讽,反而认真地提了些建议。晓梅顿时觉得有些惭愧,道谢之外还道了歉。小李也表示,之前确实有过分的地方,以后大家还是好同事、好朋友,之前的恩怨一笔勾销。

俗话说多个朋友多条路,何必因为计较一时得失而失去一个朋友。换个角度想一下,或许造成纠葛的原因正是我们自己的阴暗面,但我们拒绝承认这一点。当有一天我们想通了，愿意正视自己的问题时，也就有机会放下纠葛，从而消灭阻碍、制约我们的东西，让我们得以轻装上阵，获得新的机会和希望。

对待敌人，懂得何时该赢，也要懂得何时该"输"，适时的包容、退让和感谢能够让我们的人生路走得更顺畅。良性的竞争能带来进步，恶性的竞争则只会让彼此损耗，但除此之外，还可以选择强强联合。

为什么许多享誉世界的知名品牌，为了自身发展，选择与昔日的竞争对手握手言和，甚至不惜归入"敌人"的麾下？一些有大局观的品牌已经走上了联合开发的道路，以共同的战略目标为导向，从竞争关系到协作关系，吸取各自的优势，弥补各自的劣势。

在专利技术备受关注的今天，尤其讲究知识产权保护，想要通过资源整合来达到互利互惠的目的并非易事。这就要求品牌之间，秉承足够的信任和坦诚，将自己独有的专利技术与竞争伙伴分享，从而获得 $1+1>2$ 的效果。

能够变敌为友，体现了一个人的胸怀和远见。

战国时，廉颇与蔺相如的故事家喻户晓，两个人从有矛盾到消除矛盾，成就了一段佳话。蔺相如奉命出使秦国，他凭借自己的机智完璧归赵，赵王为表彰他的功劳，封为上卿。廉颇对蔺相如极为不满，认为自己战功赫赫，而蔺相如不过是文弱书生，凭三寸不烂之舌侥幸成功，赵王却如此优待于他。廉颇心中不快，也没藏着掖着，经常对其他人提起，并扬言要羞辱他。蔺相如听闻此事后，以国家人事为重，而不愿与他发生纠纷，便故意称病躲着他。廉颇听说蔺相如一心为国，自知理亏，便负荆请罪，请求蔺相如的原谅。最终，蔺相如将"敌人"变成了朋友和伙伴，一文一武，一同尽心尽力地辅佐赵王。

在漫长的历史中，化敌为友的故事还有很多，比如当年孙刘联军对抗曹操，曹操 80 万大军就此溃败，既解除了曹操对孙权的威胁，又给了刘备开辟蜀地霸业的机会，一次化敌为友，开创了三国鼎立的局面。如果孙权与刘备放不下敌意，也就没有这次成功的合作，当时会呈现什么样的局面也就未可知。

对于难以调和的矛盾，只能积极寻求对策，否则既然是敌人，就会有敌对和针对。

放下纠葛，不是一味退让，而是有原则地实现双赢。

常说一个巴掌拍不响，但实际上一个巴掌也能拍得响。两个人闹矛盾，未必就是双方都有问题，所以也就不能单方面要求无辜的一方一定要原谅另一方。但是，既然能分出孰对孰错，就说明事情能说得清楚，那么就可以有道歉和原谅。

有的人明知自己理亏，却碍于面子不愿道歉；有的人则是坚持认为自己没有过错，所以坚决不肯道歉。对于这两类人，大可以顺其自然，但是对于那些主动认错或道歉的人，不如一笑泯恩仇。

化敌为友，互惠共赢，心情好了，人生之路才能越走越顺。

4. 谦卑是一种能力

一个人要懂得谦卑，这已经是老生常谈了，但能够做到真正的谦卑，是需要打磨的，而不是嘴上说着要谦卑就能轻易做到的。谦卑，不是怯懦，不是自卑，而是一种能力。

谦卑的前提是你对自己有明确清晰的认识，知道自己的优势和劣势，懂得扬长避短，而不是看似胜券在握，实则"胸无成竹"，又或者妄自菲薄。谦卑绝对不是自卑，这二者是有本质上的区别的，千万不要认为谦卑就是要觉得其他人都比自己强，谦卑是不自傲，但不自卑。

有些人容易生气的原因就是太自傲，把自己太当回事，太以自我为中心，所以容不得其他人的反驳，但凡遇到不同的声音，就会居高临下地去评判对方。

对待别人的观点，不懂谦卑的人首先想到的是反驳，尤其是当别人对自己的想法提出异议的时候，就仿佛是损害了自己的尊严，急不可耐地反扑上去。

刘老师是学校的骨干教师，除了能够把控好课堂教学，对学校其他安排也办得井井有条。一天，校长把刘老师叫到办公室，想要让她负责学校图书馆的筹备工作。在了解了校长的意图后，刘老师委婉地拒绝了，即便校长说这是表现的大好机会，为以后评职称大有益处。刘老师向校长解释，她不是怕累，只是深知自己能力有限，确实难以胜任，届时耽误了正事，不仅丢自己的脸，还会丢校长的脸，所以左右权衡，还是希望校长能够考虑其他人。

校长知道刘老师是个积极进取的人，这次既然拒绝了这项工作安排，肯定是经过深思熟虑的，那也就不必再勉强。之后，校长又向其他老师征求了意见，有一位张老师毛遂自荐，拍着胸脯说一定圆满完成任务，校长便将此事交给他来处理。可惜，张老师信心十足，但落地执行的时候却遭遇到了种种坎坷，本来就没有相关经验，再加上本职工作又忙，筹备图书馆的事一拖再拖，被校长催了一次又一次。最终，校长的耐心被消耗殆尽，只好将这件事交给了其他人。

张老师揽下了自己不擅长的事，本身就存在挑战，结果事情没办好直接给领导留下了不好的印象，倒不如像刘老师那样，明知自己办不到也就不急于表现自己。

明知山有虎偏向虎山行，有时候是勇气可嘉，有时候则是鲁莽冲撞，时刻怀着谦卑之心，也就能时刻保持清醒，能够判断可行与不可行。

谦卑的人，能够正视自己，也能够正视别人。眼睛长在头顶的人，只会目中无人，永远不愿意去倾听其他人的想法，也看不到别人的优点。

小王向来自视甚高，以为自己名牌大学毕业就站在公司的顶层，无论走到哪里都把自己当成主角，对其他人则时刻保持一种轻蔑的态度。与其他同事在工作上有交集的时候，就会把"我们学校如何如何"挂在嘴边。能够考上名牌大学的人确实厉害，是高考的胜利者，但如果一直将过去的荣光披在身上，并以此洋洋得意时，与井底之蛙也没什么区别。天外有天，人外有人，不管是纵向比较还是横向比较，都会有更优于我们的人。

小张是普通学校本科毕业，从毕业就来到了这家公司，一直勤勤恳恳，加上人又聪明，所以工作做得游刃有余。小王十分瞧不上小张，认为他学历不行、眼界也不行，但凡和小张共事的时候，就会在话里话外挖苦小张。很多次有不同意见的时候，小王都会反驳小张，甚至不愿听他做详细说明，因为小王从心眼里就不认可小张。但领导却经常更加认同小张，因为小王的提议时常脱离公司实际，想法不错，但根本不适合目前来落地执行。小张就不一样，他清楚公司的情况，知道什么样的举措是真正有利于公司目前发展的，而不是纸上谈兵，空谈未来发展。

事实证明，学历只是能力的一部分，学历确实有高有低，但能力是个综合体。当你站在一定的高度，或者当你确实有骄傲的资本时，切莫忘了"谦逊有礼"四个字。因为你的学历或能力，其他人会高看你一眼，但是也会因为你的傲慢无礼而轻视你。

过于骄傲就会成为自大，不会认真倾听别人的话，不会思考别人的想法，反而更愿意去与他人争执。谦卑的人犯了错，会首先自省，先反思自己到底哪里有问题，该如何补救和改正。不懂谦卑的人则正好相反，他们会认为全是别人的问题，而绝对不会是自己办了错事。

学会谦卑，慢慢控制自己的强势态度，避免言行举止中带有攻击性，别让身边的人感觉到压迫感。有了情绪，第一时间先冷静，不要说些不顾及对方感受的话。

少了谦卑，多了自大，言谈举止就会多几分傲慢，态度也就多几分尖酸刻薄。或许自己没有察觉，但周围的人会很明显地感受到你的不友好。不要急着说服对方，咄咄逼人的后果往往适得其反。有些人天生是个急性子，加上多少有点儿自大，遇到事情不分青红皂白地乱发脾气。

修炼内敛，"三人行，必有我师焉；择其善者而从之，其不善者而改之"，要以谦卑的姿态面对人生。看到别人的优点就多学习，看到自己的不足就要改正，这不正是君子的谦卑态度吗？谦卑是我们一生要修炼的品质，只要我们每日有精进，终会形成自己的好品格。

在一个科研项目中，张旭是领头人，王建是他的助理，两个人对风险测试的结果有不同看法，张旭认为风险测试只具备参考价值，但不具备决定意义，而王建则认为风险测试存在的价值就是提前预警，既然风险测试结果提示有较高风险，如果不顾一切地继续进行的话，出现风险的可能性是很高的，与其冒险，不如及时调整再作打算。

两个人争执不下，脾气暴躁的张旭直接说："你只不过是一个助理，什么时候轮到你来告诉我该怎么做事了？这个科研项目还轮不到你来领导。"王建对张旭的态度十分不满，但仍旧将张旭当作前辈和领导，也不便再多说什么。

谦卑的人懂得尊重对方，不会随便就拿自己的一套理论去评论别人，也不会以高人一等的姿态教训别人。温和友善比强势暴躁更有力量。

5. 允许别人犯错

你是一个允许别人犯错的人吗？如果别人出现失误，你会怨天怼地还是保持沉默？我们与世界交手的这些年来，早就形成了自己独有的处事风格，有的雷厉风行，有的沉稳老练，也有的坚持中庸之道，但无论哪种，都有自己衡量对错是非的标尺，只不过有的严格且苛刻，有的则多了些宽容理解，但归根到底，不管怎么去评判，最终都要允许别人犯错。

评判是非对错，是这个世界能够正常运行的前提，而多些对、少些错则是能够健康有序发展的条件，对我们个人也是如此，所以追求正确无可厚非，但我们也该有足够的胸襟去容纳失误和过失。宽容错误，不是无所谓的态度，相反，是将气愤烦恼的时间用来弥补错误、解决问题，所以原谅是一把可以打通人与人之间隔阂的钥匙。

有一位伟人曾经说过："要允许人家犯错误，允许人家改正错误，不要一犯错误就不得了。人家犯错误就要打倒，你自己就不犯错误？"对待别人犯错的态度，其实与我们自己息息相关，不是说你忍不了别人犯错，吃亏的只有自己，其实你对别人的容忍度稍高一些，不仅会降低给别人造成的压迫感，也会消解一部分自己的焦虑。说到底，我们允许别人犯错是在约束自己的言行，不暴躁、不暴怒，练就稳定的情绪。

我们都是普通人，即便是走上人生巅峰的成功人士，也难免会有疏忽，所以对犯错不要耿耿于怀，放轻松，多些平和与理解。

父母普遍望子成龙、望女成凤，对孩子抱有较高的期待，那些自己没能如愿的理想，全都转嫁给子女。他们深知现实残酷，自己没能如愿就是因为犯了太多错误，所以施压于孩子身上。

每逢期末考试，王莉都会格外焦虑，担心上小学六年级的儿子在考场上犯一些低级错误。一次期末考试后，孩子放学回来闷闷不乐，一问才知道期末成绩单出来了，但成绩十分不理想，不仅没有进步反而退步好几名。王莉拿过成绩单和试卷后，生气地念叨着："又没考好，肯定是你上课没好好听老师讲课。"说完，仔细看起了试卷，不看还好，一看更生气了，出错丢分的题目大多都是简单基础题，就是因为粗心造成的。王莉生气地将试卷扔到孩子脸上，大声嚷道："这么简单的题都不会，你是去上学了还是去玩了？"儿子不敢吭声，默默站在原地抹眼泪。

孩子成绩不理想，想通过责骂让他开窍，这是绝对不可取的。在懵懂的年纪，很容易让他对学习产生抵触心理，他会变得自卑，也会削减对学习的兴趣，如此恶性循环。不如细心开导孩子，简单的题丢了分，那就去帮助孩子分析到底是粗心还是真的不会，不要自己认为简单的题错了就一定是粗心导致的，也有可能是孩子对这个知识点真的不懂，他需要的是父母耐心的指导而不是责骂。

对待孩子是如此，对待其他人也该如此，多一些耐心和平常心，最重要的不是指责，而是改正错误。一生之中，我们都是在犯错、改正、继续犯错、继续改正的循环中度过的，在这个循环往复中，要修正我们前进的方向，慢慢接近满意的人生的状态。

允许犯错，不只是单纯为了原谅和宽恕，而是学会掌控情绪，别人犯错影响到你，你可以生气、可以愤怒，但是"可以"不代表让坏情绪影响自己。

小唐是公司新人，还在熟悉业务的阶段，负责带他的同事老刘业务能力很强，但也是出了名的严苛。起初，有人好意提醒小唐，跟着老刘做事千万要认真仔细，要不然挨骂是肯定会发生的。一次，小唐因为疏忽丢失了一份文件，正想着该如何补救，听说此事的老刘就已经来到她的工位，小唐以为迎接她的将是一番责骂，哪想到老刘不但没有生气，反而快速给出了解决办法。

看着温和的老刘，小唐满是惭愧，因为自己的"无能"给大家添了麻烦，所以主动道歉承认错误。老刘对她说："是不是觉得不好意思？好好记住这个感觉，督促自己以后少犯错就可以了。"老刘的话让小唐备受鼓舞，在此后的工作中，小唐竭尽全力，顺利通过试用期并且得到了同事们的一致赞赏。在正式入职的仪式上，小唐还向老刘表示了感谢。

老刘没有将小唐的错误当作不可饶恕的事，而是耐心指点她、开导她，换来的是自己的心情不受影响，也帮助小刘慢慢步入正轨。一般有些工作经验的人，面对犯了错误的新人会自动贴上"能力差"的标签，有时还会发生口角，被别人扣上"不好相处"的帽子。

有自制力的人，不会因为你的包容而变得放纵，相反，他会懂得更加努力。对我们自己也是如此，要允许自己犯错，这与追求精益求精并不冲突。允许自己犯错，其实就给了情绪一个舒展的空间，不会因此积累愤怒，更不会以更严苛的态度要求别人，对彼此相处大有好处。

一位知名企业家说过："我允许自己犯错误，允许团队犯更多错误，由于允许自己可以犯错误，做事情就会轻松起来。"万丈高楼平地起，出错不可怕，可怕的是没有面对和改正的勇气。

徐经理在管理岗做了十余年，带领团队完成了许许多多的重要项目，有人曾经向他请教带团队的秘诀，他思考片刻给出了一个答案，即允许团队的任何人犯错。这句话乍一听有些问题，要是团队中的人都犯错，团队如何发展，项目又如何能够圆满完成呢？其实，徐经理的意思是对待错误的态度，是勇于承认并接纳，而不是将错误视作仇敌。

在徐经理的团队工作，自觉能动性得到了充分发挥，每个人都敢于说出自己的想法，也勇于实践那些带有难点的战略，因为他们都清楚，只要他们拼尽全力，即便最终失败了，领导也只会与他们一起复盘总结经验教训，而不是开批斗会追责到个人。

你想要营造什么样的工作氛围或是团队氛围，对待错误的态度就很重要了。做事有原则、有标准、有态度，这是理所应当的，只是一旦出了差错，是急是恼都不会改变现实。能够接纳错误的团队，一定更有冲劲儿和拼劲儿，因为心理上没有任何负担，也就更容易迸发出有价值的想法和思路。如果一个将犯错视作洪水猛兽的人或团队，就会缩手缩脚，不敢轻易尝试或实践，其实就是不愿承担犯错的代价。

对于个人也是如此，做事之前不如先给自己解解压；对待别人时，忍住火气，将注意力集中到解决问题上。错了就错了，犯错又如何？

小A和小B是好朋友，小A不小心打碎了小B最心爱的水杯，连忙诚恳地道歉，小B用手指当作笔，在自己的手心上写道："今天小A把我的杯子打碎了。"过了几天，小A送给小B一个崭新的杯子，还是之前小B一直喜欢但没舍得买的那个。小B找来日记本，写道："小B精挑细选，送了我一个超级棒的杯子，我好喜欢，真的很谢谢他。"小A不理解，为什么打碎了杯子要在手上写，而送杯子要认真地写在日记本上呢？小B解释说："写在手上，是想忘记这件事；写在本上，是想记住这件事。"

多记住别人的好，那些无意为之的错误，就慢慢淡忘吧。不管是什么错误，都不要让它点燃你的暴脾气。

6. 服软也没关系

　　一个会服软的人，在外人看来似乎"没骨气"，但实际上，这才是一个聪明人的做法，甚至可以说是一个有着大智慧的行为。有些人认为服软就是胆小怯懦，一个字来讲就是"怂"，其实不然。服软，绝对不是一个贬义词，会服软的人是通过这种方式来达到自己的目的。

　　试想一下，一个场景是争吵不休以至勃然大怒，一个场景是一方服软以至话题平稳结束，哪一个场景更体面一些？"识时务者为俊杰，通机变者为英豪"，该服软时就服软，大丈夫能屈能伸，这与刚柔并济的道理也是相通的，不是让你一味忍让退缩，而是选择恰当的时机，通过服软的方式来拦住自己的暴脾气。

　　"苦心人，天不负，卧薪尝胆三千越甲可吞吴"，越王勾践卧薪尝胆，以10年的隐忍换来一举灭吴的壮举。在人生的坎坷之处，与其硬碰硬，不如暂且服软，"留得青山在，不愁没柴烧"，一时忍耐能够保存实力，为长久发展留下希望。

　　一个拥有大局观的人，一定懂得何时该激进，何时该退却。该强硬时，针锋相对在所不惜；该服软的时候，也不要嘴硬。所以，不管是张扬还是"认怂"，都需要魄力和胆量。

　　自卑的人才会对服软嗤之以鼻，因为他们对自己不自信，害怕被人看穿自己的软弱，所以就假装强硬，拼死也要守护自己的面子。但真正自信的人，不会因为一时服软而否定自己，他们是向道理服软，是向真相服软，是向特定的情况服软，也是向更好的自己服软。

有人将服软和吃亏联系在一起，认为服软就会让对方得意，而自己就会吃亏。这种想法是绝对错误的，试想一下，如果你不服软，就要坚决硬扛，你能获得什么呢？除了变得怒气冲冲之外，对自己有害无利。

服软也不是理亏，有人觉得自己服了软就是证明自己不占理，就会让对方变得咄咄逼人。有理不在声高，不是你嗓门大就是对的，况且就算你的气势很强，也不一定就能说服别人认可你。还有人不服软是不想在气势上败下阵来，就算明知自己不对也坚决不认错、不服软，唯恐落了下风。

服软重要吗？答案是非常重要，尤其是面对亲近的人，一定要学会服软，这也是爱他们的一种方式。

爱我们的人，给了我们坚定不移的支持和信任，而我们回报给他们的，往往是自己的暴脾气，是自己最任性的一面。因为我们自己最清楚，他们是最包容我们的人，所以我们可以理所应当地发脾气，可以将坏情绪发泄到他们身上。

向最亲近的人服软，不是一定要不分青红皂白，也不一定就要讲究个是非对错，而是体现你的包容和理解。正如他们一次又一次地包容我们那样，我们也要试着去向他们服软。既然心疼他们的付出，感谢他们的包容，就从自身开始改变。

有大男子主义的人就是喜欢唯我独尊，没错就会咄咄逼人，错了也会无理搅三分，坚决不认错。为了自己的面子，宁可说些气人的话，也不愿意低个头、服个软。

朋友的老公张先生就是有这个毛病，太好面子，尤其是在孩子面前，死活都要维护自己的威严。一次，孩子期末考试成绩非常不好，张先生看见成绩单后，还没等问清楚原因就把孩子揍了一顿，还扬言要烧掉她喜欢的漫画书。妻子回来后，认真看了孩子的成绩单，并且和孩子耐心沟通后得知，这次没考好是因为在考试途中肚子不舒服，在医务室休息了片刻，回到考场继续答题时，剩下的时间已经不多了，所以原本是强项的科目却没能发挥好，并不是知识点的掌握情况有问题，而是突发的情况导致没考好。之所以没有和父母说，是因为孩子怕父母担心，没想到父亲没等问清楚原因就怒气冲冲地打了自己一顿，孩子也是非常委屈。

张先生知道这一切后，竟然没有一句道歉，反而生气地说："谁让你不早点说的。"这就是典型的"死鸭子嘴硬"，在明知自己有错的前提下，仍不肯低头。

好多难分对错的时候，但凡有一方能够主动低头服软，事情也就不会朝着越来越偏激的方向走去。

男人要懂得服软，女人更要懂得服软，因为这对女人来说更是一种智慧。

男人要面子是自古以来就形成的习惯，对他们来说面子大过天，谁要是不给他面子谁就是他的仇人。尤其是总有人喜欢拿"妻管严"说事儿，觉得怕老婆的男人都是怂包，这种思想虽说太落后了，但却有诸多拥护者。如果一个女人懂得服软，尤其是在外面给足丈夫面子，那么丈夫也会更懂得体贴。

老周就是一边好面子，一边又怕老婆，尤其是怕朋友笑话他怕老婆。一次聚会上，几个家庭聚在一起，饭桌上又说起了老周怕老婆的事，老周辩解说："我们家都是我做主，我怎么可能怕老婆呢？"其他人起哄的时候，老周的妻子说了一句话，让老周瞬间觉得心里暖暖的，她说："在我们家大事确实都是老周说了算，小事就是我说了算,他工作忙,不让他为家里操心。"其他人听了,都羡慕老周娶了这么一个贴心的媳妇儿。

回到家,老周问妻子:"怎么这么给面子啊,以后他们可不敢再说我怕老婆了。"妻子说:"我之所以那么说,并不是要给你面子,而是因为我爱你,所以不愿你被别人笑话。"老周听后,默默下定决心,以后要更加爱护自己的妻子,一生能够拥有一个真心实意对待自己的人,一定要好好珍惜。

小马也是个怕老婆的人,但是他与老周截然相反,一点儿不怕别人笑话他,因为他觉得自己的老婆就得自己疼,凡事听老婆的指挥有什么不好?所以在老婆面前,他都是能服软就服软,绝不跟老婆争个对错。正是因为小马的态度,所以夫妻俩很少吵架,凡事都好商量,遵从彼此的需求和想法,生活过得轻松又惬意。

该强硬的时候千万别退缩,但是生活里哪有那么多必须强硬的时刻?只要不涉及原则性问题,服个软就能避免一场争吵不休,对彼此都有好处。

Part 5　心境决定眼界，眼界决定情绪

　　一个人的心能够安静下来，那么他所感受到的世界就不会喧嚣吵闹；一个人的眼界能够放得开，那么他所释放的情绪也就更平和。所以，要改变脾气，不妨先试着改变心境和眼界，这是最根本的内在原因，但凡能够加以改变，情绪自然也就会有所改善。

1. 苦中作乐，虽苦也甜

苦难当头，一味忍耐只会不断接近自己可承受的极限，日益累加的痛苦会在不经意间爆发，释放灰暗情绪。可是，如果能够苦中作乐，在痛苦中品味出些许甜意，人生也就会因为自己的改变而发生改变。

苦难可能依旧是苦难，但带给你的感受将不再只是痛苦。轻松面对人生，人生也就会变得轻松又明亮，做自己生命中的暖色调，足以驱赶阴霾和黑暗。

成年人的世界没有"容易"二字，这已经是所有成年人都认可的共识了，如果你觉得自己格外轻松，那一定是另有一些成年人在替你负重前行。一个三四十岁的人，上有老下有小，赚钱养家的重任扛在肩上，赚的每一笔钱都不舍得花在自己身上，但每一次家人需要都毫不吝啬地付出。

每一次咬牙坚持都是为了让日渐衰老的父母安度晚年，让懵懂无知的孩子茁壮成长，自己不敢生病，不敢花钱，一心一意为这个小家的幸福日夜奔波。辛苦工作了一天，嘴上虽然有点抱怨，但谁也不敢轻易放弃。说不辛苦是自欺欺人，但轻易说辛苦又显得矫情，毕竟人人皆如此，自己又有什么好抱怨的。即便是有心想改变现状，愿意找一份稍微清闲一点儿的工作，但薪资待遇大幅下降的话，又是不能接受的。毕竟轻松自己一个人，就要全家辛苦，但如果辛苦自己一个人，全家却能够获得轻松，这对成年人来说，不需要考虑就会选择前者。

有人说人到中年就变得越来越木讷，也有人变得越来越油腻，岁月留下的痕迹不仅仅是在脸上，还会在心上。被社会"考验"了许久的人们，在社会中摸爬滚打了许久的人们，相较于朝气蓬勃的年轻人，自然是变了许多。所以，不妨思考一个问题，成年人既然如此辛劳，是不是应该认真学习一下苦中作乐？

平日里只顾着埋头赚钱，但辛苦赚来的每一分钱都舍不得给自己添置东西，衣服穿得旧了，宽慰自己只要干干净净就好；手机的电池不行了，每天需要充电好几回，但想着也还能用，就继续强撑着；相中一块手表，看了看价格，不由得倒吸一口凉气，虽然喜欢，但还是决定放弃……

有太多亏待自己的瞬间，不如也偶尔满足一下自己的心愿，花点儿小钱犒劳一下自己。根本不需要铺张，只抽出一小部分预算，简简单单给自己准备些小奖励。比如许久没有添置新衣了，那就去置办一件像样儿的衣服；好久没有换个发型了，那就去好好收拾一下头发；好久没有带着一家老小出去旅游了，那就去外面的世界放松一下；好久没送自己一个小礼物了，那就去挑选吧，作为自己给自己的鼓励……

只需要不时给自己放松一下，让紧绷的神经和身体得到喘息，这样才不至于让负面情绪累加形成负担。压力与日俱增，依靠自己才是释放压力最好的办法，学会给自己解压，做自己的哆啦A梦。

苦中作乐，也不仅仅是为了自己，你掌握了这项技能，才可以言传身教。如果你不想自己的孩子以后也如此辛苦，那就应该从现在这一刻起，在苦闷的生活中营造些快乐。

老张的父亲上了年纪，近几年来身体大不如以前，最近又因为生病住进了医院。好消息是并无大碍，但是需要住院静心调养，坏消息是可能需要一段时间。这就意味着需要支付一笔治疗费和24小时不间断的看护，老张愁容满面，钱可以再赚，但是自己上着班实在抽不出时间来照料父亲，所以夫妻俩商量后决定，让妻子请假负责白天的看护，他则晚上过来守夜。

老张还有一个上高中的女儿，正是学业紧张的时候，面对家里的情况，她也能感受到父母的不易，在校期间也免不了担心家里。老张是个性格乐观豁达的人，老年人生病是在所难免的，照料父亲是自己的责任，所以没有一句怨言，难能可贵的是，看护持续10多天后，他仍能保持较好的心态。知道父亲喜欢钓鱼，现在又不能外出，于是老张悄悄约了父亲之前的"鱼友"来医院，陪父亲聊天，这让父亲一下子就来了精神。不仅如此，他知道妻子付出良多，虽说家里正是用钱的时候，但还是悄悄准备了一份小礼物，妻子收到礼物后开心极了。

女儿看着辛苦却乐观的父母，不知不觉地就燃起了斗志，她要更努力地学习，未来成就自己的事业，不再让父母如此劳累。这就是苦中作乐的意义，生活虽苦，但也完全可以加些调味品。

年轻人背负的压力一点儿也不少于中年人，一样的忙碌和劳累，还有加班和培训，让生活的大部分时间都被工作填满了。生活节奏越来越快，从早晨忙到深夜已经成了常态，早就忘了该怎么经营生活。明明如此努力，但工作事业却不见起色，依旧拿着不多不少的薪水，继续埋头苦干，整个人也越来越疲惫。

年轻的人苦似乎也只有年轻人知道，但是生活在继续，是一直苦下去还是自己想办法改变呢？当然是学会苦中作乐，下班回家能够坚持拖着疲惫的身体冲个热水澡，挑选一瓶香味正好的沐浴露，好好冲洗一下，也算是对自己的犒劳。或者在工作之余，培养一个小而有趣的兴趣，让生活不再只是单调的工作。如果喜欢购物，那就多挑一些礼物放在购物车，遇到不开心的事或备感辛苦的时候，选一件购买，当作送给自己的一件礼物，享受一下拆快递的快乐。

苦中作乐的意义就在于在细微之处扭转生活的不易，重压之下，情绪也就更易失控，何不在每一个可控的节点上舒缓情绪呢？

有些人会诟病年轻人熬夜、追剧、泡吧、打游戏……甚至有人说年轻人一代不如一代，事实上，当代年轻人一定是最优秀的，他们所身处的时代，给了他们更广阔的眼界以及更多元化的机会，所以他们的生活方式也是自发地选择更适合自己的。不管是熬夜还是追剧，都是他们在释放压力，生活是苦的，但也是甜的，关键看自己如何经营。

贾平凹在40年散文精选《自在独行》中写道："玩风筝的是得不到身心自由的一种宣泄吧；玩猫的是寂寞孤独的一种慰藉吧；玩花的是年老力衰而对性的一种崇拜补充吧。我在我的书房里塞满这些玩物，便旨在创造一个心绪愉快的环境，而让我少一点儿俗气，多一点儿灵感。"你瞧，即便是如贾平凹先生这样的作家，也会在微微苦味中，创造些有趣出来。

苦中作乐是一种生活态度，更是一种调节自身的能力，那些不可避免的愤怒和迷茫、苦难和挫折，都需要这些小快乐来调节，以此保持健康舒爽的好心情。

2. 给自己多些鼓励和认可

当一个人过多否定自我的时候，就会自惭形秽，久而久之形成自卑，成为性格上的一种缺陷。许多人易怒的真正原因，就在于自卑，认为自己处处不如人，多次进行自我暗示，担心别人瞧不起自己，所以敏感多疑，也就容易发脾气。

作为一种消极情绪，自卑可谓人人都有，只是程度不同而已，而不同的程度也就决定着不同的影响。自卑心作祟，危害还是很多的，比如自卑的人更容易恐惧，更容易多愁善感。在人际交往中，自卑的人往往不善言谈，不易融入集体，但过度的紧张多疑又让他变得易怒，表现出一种不好相处的状态。

自卑的来源有很多，比如有些人因为天生的相貌自卑，有些人则是因为家庭出身而自卑，还有人是因为经历了太多的失败和挫折，自信心被消磨殆尽，从而产生了自卑心理。

苗苗是一名大学生，在学校的大部分日子里，她都处在自卑的情绪中。因为她的身材胖胖的，自嘲像一只熊，她从来没有穿过裙子，从来没有积极参加过集体活动，最讨厌体育课，也最讨厌在学校食堂吃饭……因为自卑，她不敢主动和同学打招呼，当其他人结伴有说有笑地从她身边经过时，她会觉得他们是在背地里嘲笑她。

一次，苗苗去上课之前特意打扮了一下，来到教室找了个角落坐下。课间的时候,几个女生围坐在一起,叽叽喳喳地聊着天,苗苗无意听见了一句"她也太好笑了吧",生气极了,直接走到几个女生面前,冲她们大声说道:"你们才太好笑呢!"几个女生面面相觑,不知道哪里惹到她了。苗苗说完就跑出了教室,回到宿舍后蒙着被子哭了起来。

下课后,其中一个女生小爱找到苗苗,跟她讲明了当时的情况。她们是在讨论一个最近参加综艺的明星,大家觉得他的表现很好笑,绝对没有在说苗苗。苗苗听完,不好意思地道了歉,委屈地说,是因为自己太自卑了,所以才会冲她们发脾气。小爱接受了苗苗的道歉,并且邀请苗苗一起加入减肥群,几个热衷减肥的姐妹互相鼓励,虽说效果不佳,但是每天都很开心。苗苗深受感动,从小到大都没有人主动和她交朋友,大家都嫌弃她是个胖妞儿。

如果一个自信的人,听到别人说了一句"她也太好笑了",会自觉地联想到自己身上吗?一个自信的人,即便是面对别人的挖苦讽刺,也不会如此冲动,只会冷哼一声,一笑而过。

自卑的人,他的情绪就容易被自卑操纵,比起一般人更在意别人对他的评价。自卑的本质是不能自我认可,不能接纳自己,从而妄自菲薄,自动将自己归为别人讨厌的人。请相信,每个人都有属于自己的闪光点,先从自我认可开始,给自己多一些鼓励,你也一样可以成为闪闪发光的人。

如果遇到因为你的相貌、你的出身、你的工作而小看你的人,那不是你的错,而是对方的心胸过于狭隘,这样的人不值得你的关注。直接忽视他们,专注于自身的优点,正视自己的缺点,才能重新获得自信阳光的人生。

《肖生克的救赎》创作者斯蒂芬·金,依靠微薄的收入养家糊口,但他的妻子并没有为此埋怨他,相反,她全力支持丈夫的写作事业。一次，她从垃圾桶把丈夫《魔女嘉丽》的草稿捡了回来，认真阅读后，给了他极高的赞赏，也就是这本书成就了斯蒂芬·金，让他一跃成为美国畅销书作家之一。

这就是赞赏的力量，同理，我们对自己更要保持积极的态度，无条件地支持自己、认可自己、鼓励自己。

恋爱中，患得患失是许多人会有的状态，正是因为太爱对方而不自信，才会时常因缺乏安全感而无理取闹。小李是个肤白貌美的姑娘，而且工作体面，在别人眼中是"女神"级别的人物，人人都夸小李脾气好、性格好，但只有小李最清楚自己的脾气秉性。面对自己的男朋友，小李则变成了一个爱吃醋、爱发脾气的人，而她的喜怒无常则源于自己的不自信。面对同样优秀的男朋友，小李倍感压力，认为自己处处不如他，时刻担心他会移情别恋，喜欢上比自己更好的姑娘。

小李和男朋友在一起时，经常会在未经他同意的情况下翻看他的手机，查看他的聊天记录、相册以及付款记录等，这让男朋友非常不满，但为了证明自己的清白，避免跟她发生争执，即便心中再有怨气，也就不得不任她翻看。

有时候，小李给男朋友打电话时，若发现他正在通话，就会不停地发微信，质问他到底在和谁通话，为什么还不结束。男朋友挂掉电话，就会收到来自小李的几十条信息，起初是带点儿委屈的询问，慢慢就变成了生气的质问。为了哄她开心，他赶紧给她打电话，可小李却始终不接，给她发微信却发现自己被拉黑了。

小李的男朋友忍无可忍，决定就这样分手吧，他一直在努力证明自己的爱，可小李却一再怀疑他的付出，半点儿信任都不给他，此外，还会经常因为不值一提的小事生气吵架。他知道小李是有些自卑，担心自己喜欢别人，但却始终看不见他的努力，只顾着依靠发泄负面情绪来验证彼此的感情。最终，两个人就这样分手了。

无论处在什么样的关系或感情中，别人能给的安全感是有限的，而自我认可才是基石，足以让我们平和地应对人际交往。

3. 换个角度看问题

古今中外，无数名人大家告诉我们，换个角度看问题会有意外的收获。鲁迅说："一本《红楼梦》，经学家看见《易》，道学家看见淫，才子看见缠绵，革命家看见排满，流言家看见宫闱秘事。"苏轼说："横看成岭侧成峰，远近高低各不同。"罗丹说："换个角度看问题，生命会展现出另一种美。生活中不是缺少美，而是缺少发现。"

改掉暴脾气有一个很奏效的办法——换个角度看问题，有时候生气懊恼多半是钻牛角尖，来不及仔细思考就觉得全世界都对不起自己。其实，想要改变自己的话，都不需要你付出什么艰苦卓绝的努力，恰恰相反，你只需要在某个时间点上允许自己换一个视角，你就会发现，在错综复杂的背后，会有更豁达的选择。

站在60层的高楼上，有的人会选择向上看，看到的是万里无云的天空；有的人会选择向下看，看到的是川流不息的马路；还有的人向远处望去，看见的则是整座城市的热闹繁华。

小杨在一家汽车销售公司做售后服务，每天忙忙碌碌，而且经常被客户责备。但不管遇到什么样不开心的事，她的态度都是笑对工作。一次，遇到一个极其难缠的客户，处处挑剔，还嚷嚷着要投诉小杨，觉得她处理问题的效率太低了。小杨一边笑着回应，一边端茶倒水安抚客户，等客户走后，其他人都看不下去了，觉得客户太欺负人。小杨乐呵呵地说："拿人钱财，替人消灾，我的工作内容之一不就是要应对这些棘手的问题吗？没有什么好生气的。走走走，吃饭去！"

其他人看到的是这份工作的不易，是客户的胡搅蛮缠，但对小杨来说，为客户解决问题就是她的本职工作，需要她连同客户的坏脾气一起承担。同时，她认为，自己花大价钱买的汽车出了问题，放在谁身上都是会生气着急的，她完全能够理解。这就是为什么她能够心平气和地接受客户将自身的不满发泄到她身上的原因，如果反推一下，小杨只看到了工作带给她的负面影响，那么她再面对不友善的客户时，必定是满腹牢骚，某时某刻就会爆发。

一直以来，老马都有一个暴富梦，这么多年来始终坚持买彩票，终于有一天，他中了个二等奖，获得几十万的现金大奖。就在准备去领奖的路上，最重要的领奖凭证却不翼而飞，这把老马的妻子气坏了，站在马路上就跟老马吵了起来，埋怨他怎么连一张彩票都放不好，这下子几十万说没就没了，到嘴的鸭子都飞了。

面对妻子劈头盖脸的责骂，老马劝道："不过就是丢了两块钱嘛，别生气了。"在老马看来，丢了也无所谓，本来就是凭借幸运得来的，现在丢了，也不过就相当于丢了买彩票的钱而已。如果硬要揪着这几十万不放，夫妻俩不仅要大吵一架，甚至在日后每每想起这件事，都会让人懊悔不已。

在很久以前，还没有鞋子出现，人们都是赤脚走路。一天，部落首领去很远的地方巡查，发现路面上的碎石头划破了他的脚，于是他下令要将部落所有的道路上铺满牛皮，如此一来，所有人就不会再被石子刺痛了。可是，首领没考虑到部落内的牛皮数量根本不够，正犯愁的时候，有人向他建议用牛皮包住脚即可，这样既省料又实用。最终，首领采纳了这个建议，皮鞋也由此而来。

虽然只是一个故事，但足以说明换个角度看问题的重要性，不要禁锢自己的思维。常说退一步海阔天空，其实并非一定要让步，只不过换个思考方式罢了，就能随之产生不同的结果。同理，当你站在某个角度看待问题时，或许感到心中不快，恨不得要宣泄出来，但如果站在其他角度看一看，你可能会发现自己的想法有所偏差，甚至是错误的。

领导总是给你安排额外的工作，甚至将本属于他的一部分工作交给你完成，可能你会觉得领导是故意为难你，明明和其他人是同样的薪资水平却承担了更多的工作，这就会让你在内心深处产生一种不满和委屈。不妨换个角度想，领导能够将工作交给你，证明了他对你的认可和信任，相信你能够顺利完成，而不会像其他人那样拖他的后腿。那不如将超额的工作当作一种锻炼和磨砺，是让你变得越来越优秀的机会，为何不牢牢抓住？这样一想，你的心情是不是顺畅许多？

生活中也存在不少纠纷，如果换个角度去看，你会有全然不同的心情，事情也会有完全不同的结果。人生会因为角度的转换而变得更美好，你的心境也会因为角度的不同而变得更平和，这就是角度的魔力。不要被固有的思维束缚，积极去转变思维，去拓展新的视野，你也会收获万千种可能。

从本质上说，转换角度就是转换心态。

中国著名国画家俞中林擅长画牡丹，有朋友特意向他求画，但因为整幅画缺了一块，朋友看到后有些不情愿，觉得这代表"富贵不全"。俞中林听后向朋友解释说，缺了一边并非"富贵不全"，而是"富贵无边"。朋友对这个解释十分满意，乐呵呵地带着画回家了。

你拥有了积极的心态，你看待问题或事物的角度自然会有所转变，遇事会往好处想，而不是以批判的眼光看问题。有了好的心态，就会远离许多烦恼，你的情绪也就会更稳定，不至于看什么事都觉得烦闷。

契诃夫说："要是火柴在你的口袋里燃烧起来，那你应该高兴，多亏你的口袋不是火药桶。要是你的手指扎了根刺，那你应该高兴，多亏这根刺不是扎在你眼睛里。要是你的妻子对你变了心，那你应该高兴，多亏她背叛的是你，而不是你的国家。"看待事物的角度直接决定着我们的情绪，明确了它的重要性之后，我们就更应该重视起来。

改掉暴脾气，从换个角度看问题开始；想换个角度看问题，不如先转变我们的心态。所以，试着去换个角度吧，会有全新的视角和感受。

4. 吸收正能量

生活中，想要多些快乐、少些烦恼，就多吸收些正能量，远离那些负能量。所谓正能量，就是一种积极向上的力量，虽然看不见摸不着，但却有着意想不到的超强力量。

不管是正能量还是负能量，它们都是有源头的。正能量来自那些正向的事情，比如同事凭借自己的努力获得了丰厚的奖励，这可以带给自己积极昂扬的情绪，而负能量则来自负面的事情，比如同事抱怨领导偏心，等等。

作为感性动物，我们会被他人传递出来的情绪所感染，当大家都在传递正向的情绪时，我们也就会受其影响。举个简单的例子，在一个团队中，大家齐心协力共渡难关，出了问题不互相指责，而是彼此帮扶共同成长，那么每个人都是积极向上的状态，也就充满干劲。相反，如果十个人有八个人都在诉苦和抱怨，不停说着彼此的问题，那么团队的其他人就会在潜移默化中产生消极的情绪。

当许多正能量集聚在一起，就形成了一种正向的磁场，鼓励着磁场之中的人们奋勇向前。同样，如果身处负向的磁场，日日陷在负面的情绪中，那么苦闷就会变成常态，会觉得工作是一种折磨，而自己又躲不开逃不掉，自然就没有斗志了。

如果我们宝贵的时间都用来自我消化这些负能量，对我们的人生来说是一种重大的损失。没有人能够弥补这种缺失，只有我们自己意识到问题所在，积极调整所处的磁场，积极调节我们自己的情绪，从而摆脱负能量的枷锁，重获自在快乐的工作生活。

王阿姨退休之后喜欢跳广场舞，但加入一个舞蹈队没几天就不愿去了，问其原因才知道，其他人喜欢聚在一起说家长里短的事，谁家的老公游手好闲，谁家的女儿30岁了还不找工作，谁家的女婿工作不稳定……全是鸡毛蒜皮的小事，大家说起来就满腹牢骚。一次，李阿姨说起自己的女儿30岁了还没结婚，大家七嘴八舌地聊了起来，都在劝李阿姨要多上心，说30岁不结婚以后可怎么办，最后活动还没结束，李阿姨就提前回家了，说是要"好好给女儿上上课"。王阿姨认为，大家参加舞蹈队是为了打发闲暇的时间，是去创造些老年生活的快乐，而不是聚在一起自寻烦恼的。

听了母亲的一番论调，女儿觉得她真是太有主见了，就凭这一点，都要给老母亲点赞。一个老太太都懂得远离负能量，主动回避负能量所带来的负面影响，可许多年富力强的人却偏偏不懂。如果李阿姨被这股负能量所支配，回家难免要唠叨一通，赶上脾气倔强的女儿，家庭"战争"一触即发，实在不利于家庭和谐。

向日葵就是我们的榜样，永远向阳，永远追逐阳光，如此它的一生才灿烂。作为拥有高级智慧的人类，更要懂得这个道理，所融入的环境决定着我们自己的生活。

我们的脾气也是如此，当我们所接触的多是温和有礼的人，自然而然地会有意识地约束自己的言行。同时，多接触积极向上的人，远离那些为一点儿小事就要闹得鸡飞狗跳的人，不要把自己的人生和这样的人捆绑在一起。

人这一生，想要顺遂无忧着实有些难，但也并不会时刻都是大风大浪，多数时候都是我们自己庸人自扰。当你吸收了过多的负能量，你就会变得消极、阴暗，看待事物的心态一旦趋于负向，那你就会给自己带来许多烦恼。

晓晓刚毕业不久，还是个彻彻底底的职场新手，具体表现就是心怀阳光、无所畏惧。虽然刚入职就要跟着一起加班，但也没有怨言，反而带着对未来的期待满是干劲儿。而有些前辈就是完全相反的状态了，加班确实令人厌烦，谁不想到了下班时间就准时回家呢？但除了加班，仿佛这份工作带给他们的全是委屈和辛酸。

老大哥 A 说这份工作没有"钱"途，加班多收入少，勉强糊口；老大姐 B 说办公环境太差了，每天来了还得自己打扫卫生；入职三五年的 C 说领导吝啬抠门，好不容易团建一次，吃的还是大排档……每天浸染在这样的负能量之中，晓晓的心态也逐渐发生了转变，工作期间多了份低沉，少了份昂扬。好不容易下班回到家，和父母说起工作也满是疲惫的状态，甚至有了换工作的打算。

对世界及人生的态度和为人处世的方式是不断在转变的，要经历一个狭隘到包容的过程，有些人或许被卡在了狭隘之处，这就形成了小肚鸡肠的人格特质，有些人则能够冲破不同的关卡来到豁达的境界。这期间就必然会遭遇各式各样的正能量和负能量，从前者之中汲取前进的动力，从对后者的反思中反省自己，一步一步迈向更为开阔的心境。

人生之复杂，很难用三言两语说明白，况且各人境遇不同，有无数种可能性并行。但无论正在经历何种人生，向正能量靠拢是有利于个人发展的。不求闻达诸侯，但求问心无愧，坦然自在地接纳人生。

如果突然有一天遭遇公司裁员，你不得不面对失业的困境，要如何应对？说不失落难过是不可能的，但冷静下来之后呢？你会从此一蹶不振，整日愁眉苦脸，还是趁机给自己休个短假，调整之后重新出发？满身负能量的人，必然怨天尤人；而持有正能量的人，则不会在意短暂的挫折，只要挣扎向前，必然有柳暗花明的一天。

正能量是歧路之上的力量源泉，当你被压力或挫败感阻挡而止步不前的时候，凭借积攒的正能量便能从各种阻碍中突出重围。这就是正能量存在的意义，没有坎坷的时候，依靠它修整内心；遭遇坎坷的时候，也是依靠它重拾自信。

很重要的一点是，对待负能量的时候，一方面要积极规避，另一方面也要积极反思，有正必有负，这是事物的两面性，所以对负能量也不必一味排斥。当我们的内心深处萌生负能量的时候，不要急着否定自己，用理智战胜它即可，负能量被打败后，自然能够重新迎来乐观的自己。

5. 正确面对批评，不做小心眼

美国总统杰克逊说："批评你的人是你最好的朋友，因为他让你更加小心谨慎地做事。"现实生活中，又有多少人能够坦然地面对批评呢？对大多数人来说，批评带来的多是负面的影响，让人感到失落、难过或是气愤，甚至会因为一次批评而情绪失控。

没有人能完全避免批评，这是无可反驳的事实。哪怕是一直优秀的人，也免不了会收到消极的反馈。所以，如何面对批评，避免因为批评而产生负面情绪，是人生的必修课。

人生很长，必然会犯错，必然会有表现不佳的时候，甚至问题并不出在我们自己身上，但请耐下心来，重新审视一下自己，开始试着重新理解"批评"这两个字。

当丈夫和朋友聚会回到家，简单和妻子打了个招呼后，就躺在了卧室的床上刷手机。妻子走到他面前，有些生气地说："平时要么就是加班，要么就是喝酒，回到家就是玩手机，你还把这里当成自己的家吗？"面对妻子的不满，丈夫没有道歉，反而更加生气地质问妻子："我辛苦上班养家，为什么不能喝酒，为什么不能刷手机？"夫妻俩就这样你一言我一语地吵了起来，就连陈芝麻烂谷子的事都翻了出来，妻子责怪丈夫不顾家，丈夫责怪妻子不懂得体谅他的辛苦，最后甚至闹到要离婚的地步。

所谓清官难断家务事，相爱容易，相处太难。每天都在同一个屋檐下，会有一堆鸡毛蒜皮的事，对方批评几句，你是选择找对方的弱点回击，还是能够真正去理解对方批评背后的需求？其实在亲人之间，批评并不是目的，而是为了彼此的关系更融洽。

当年终述职的时候，同事A就会格外紧张，他担心会在述职会上遭到来自各位领导的批评而丢了面子。到了述职那天，他磕磕绊绊地讲完述职报告，有位比较严苛的领导对他说："这一年你的工作做得还不错，就是你这个心理素质有待磨炼。"同事A听后，长舒一口气，实际上他自己也清楚，自己太害怕被批评了，从而丢了自信。

在工作中，有时会遇到一些非常有挑战的事，比如自己从来没有做过，但是领导交代下来又不得不做的事。做的过程中，本就不是很有把握，同时又得小心翼翼唯恐出现什么差错，担心最终没能做好而被领导批评，所以一直处在紧张焦虑的情绪中。只是因为害怕被批评，就直接影响了状态，不免有些得不偿失。

在日常生活中，也会遭到陌生人的批评，比如朋友A是个新手司机，刚刚考下驾照不久，开车的技术还并不熟练。一次，她在商场停车的时候，因为自己掌握不好空间距离，所以开来开去折腾半天，后面一辆车等了她好长时间，最后那辆车的司机不耐烦了，走到她旁边，没好气地说："开车技术不熟练就不要出来了，这不是给别人添麻烦嘛。"朋友A赶忙道歉，原本是来开开心心地逛街购物，但因为这一次批评就影响了心情，一整天都闷闷不乐，甚至不愿再开车了。

批评有这么可怕吗？为什么不能以平和的心态来看待批评呢？

批评是复杂的，有些批评基于评判是非对错，有些则只是基于个人的某种立场或角度，所以批评可能是对的，也可能是错的；可能是有用的，也可能只是废话。所以，你需要一个对批评的判断标准，或换句话说，你需要有一个甄别批评是否值得走心的标准。这将成为你保护自己情绪的盔甲，保护你不会因为批评而受到消极情绪的伤害，反而将批评变成自己的武器，促使你越来越强大，也越来越优秀。

让批评为你所用，需要做到以下几点。

第一，你的心态一定是平和的，不管是来自谁的批评，不管是出于什么方面的批评，也不管对方是什么样的态度，你要做的是第一时间保持冷静和理智。这一点看似简单，其实是有难度的，但这也是能够正确对待批评的基础。

第二，你要意识到批评有对错之分，不是所有的批评都是客观且正确的，你要学会去区分它们，而不是一股脑全都接收。这一点强调的是要有分析能力，要自己动脑子去思考，如此一来，才不至于在面对批评的时候，你的第一反应是恼羞成怒。

第三，你要学会去看破对方的真实意图，有些人批评你并非单纯为了指出你的不足或缺点，他们往往将自己的真实意图披上批评的外衣，以此来显示自己的公正，而实际上只是他们想要实现目的的一种手段罢了。如果你将他们的话真的当作对自己的批评，那就掉进了他们的圈套里。

第四，如果确定是客观的批评，那就要与自己的实际表现联系起来，反思到底是哪里出了问题，从而制定符合自己情况的改正方案，让批评成为一种激励。有人愿意指出你的错误，而你能够虚心接受并加以改正，这就是你快速进步的一条通路。如果人人都奉承你，赞赏你，反而需要你多自省，避免因骄傲而止步不前。

中国作协主席铁凝被评为"中国最成功的女作家之一"，她的作品多次获得国家级文学奖，部分作品也被译成英、俄、德、法、日、韩、西班牙、丹麦、挪威、越南、土耳其、泰等多国文字。正是这样一位有地位、有实力的作家，面对批评仍能够虚心以待。

2010年9月，上海知名期刊《咬文嚼字》指出，铁凝的作品中出现多个文史知识类差错。如铁凝在小说《玫瑰门》中写道："司猗纹觉得自己随时可能被贴大字报，心总是紧揪着。谁知人间的事历来都是祸不单行，福至心灵。她没有等来大字报。"《咬文嚼字》指出"祸不单行"的意思是不幸的事接二连三地来，但如果预料之中的祸事没有发生的话，就不能够使用"祸不单行"。

面对批评，铁凝没有摆架子，而是立即致信《咬文嚼字》编辑部，诚恳地表示："感谢贵刊能对我的作品'咬文嚼字'。这样避免了误导更多的读者，这种交流有助于我们共同成长，作家尤其需要这样的'挑毛病'，这能让我们在创作时更多一些对语言文字的珍惜和警觉，使我们在写作中更加自律和审慎！"

由此可见铁凝对作品出现错误的态度，她没有回避，也没有为自己辩解，而是直接认识到自己的错误，并以此督促自己在日后的文学创作时更加谨慎。

享誉世界的绘画大师毕加索，他年轻时的梦想是成为举世瞩目的诗人，一度热衷于诗歌创作。著名诗歌评论家斯泰因夫人对此公开表态，批评毕加索的创作根本不算诗歌，只是将不同的短句组合在一起，还说他没有写诗的天赋，并劝他还是继续绘画。

毕加索得知此事后，不但没有生气，反而认为斯泰因夫人的话振聋发聩，经过反思，他也认为自己正在做蠢事，放弃了自己擅长的事，偏偏在自己不擅长的事上浪费功夫。之后，毕加索重新拾起画笔，虽然没有成为举世瞩目的诗人，但却成了举世瞩目的画家。

6. 与自己和解

人这一生，要懂得和自己和解，而不是处处树敌。常说与人和善，其实与自我的相处远比与外界的相处更为重要，自己与自己相处的状态也决定了与周边人或事的相处模式。

与自己和解，不是允许自己得过且过，不是遇到困难坎坷能妥协就绝不尝试挑战，更不是发现自己有明显的缺点而熟视无睹。与自己和解，不是轻视自己，不是认为努力可有可无，更不是轻易原谅自己的过失。与自己和解，是正视自我，坦诚地接纳自我，试图通过温和的手段达成自我的平衡和协调，从而获得更平和且强大的内心。

与自己和解，该承担的责任一样都不能少，该反思的错误一样都不能放过，甚至该面对的挫折困难一样都不能无视。不是不允许你产生负面情绪，而是当负面情绪不可避免的时候，能够有内在的力量驱动自己去主动调节，能够快速有效地从负面情绪中解脱出来。

世界之大，无奇不有，但我们真正要认识的不是这个世界，而是我们自己。对自我认识的不足，会直接影响我们看待世界的方式和角度，因为如果我们本身就是扭曲的，与世界发生关联的时候，也就无法摆正我们的位置，从而产生不切实际的幻想。

对每个人而言，最强有力的支撑是自我，最难以打败的敌人也是自我,与自己和解,就是要获得发自内心的力量支撑,以及避免给自己树立敌人。战胜自我或许有些难,不如试着与自己和解,获得力量、消灭敌人,何乐不为?

与自己和解,说难不难,说易不易,关键还是要靠自我修行。

第一,接纳自己的不完美,不要揪着自己的缺陷不放。人无完人,天之骄子也会有缺点,何况生而普通的我们呢?所以凡事可以不必追求完美,尽己所能,则可无憾。

第二,接纳失败,不要以成败论英雄。人生就是有成有败,这是一场马拉松,而不是百米短跑,输赢不在一时而在一世。生命的长度和广度都是值得付出的,所以成功了也不要洋洋自得,失败了也不必妄自菲薄。失败不可怕,可怕的是因为失败而失去前进的勇气和胆量。

第三,接纳自己的平凡,平凡也是一种福气。年少时我们都有一个"英雄梦"或者"公主梦",我们自诩不凡,以为能够成就一番事业,但现实是骨感的,我们从事普通的工作,拿着一般的薪水,与拯救世界无关,只是为了养家糊口而已。

第四,接纳自己的错误,给自己改过自新的机会。试问有谁能够从来不犯错、不出错呢?即便是再严谨小心的人,也免不了会事与愿违,如果把犯错当成人生的污点,那就是真的和自己过不去。与其自责,不如抓紧时间改正。

字节跳动创始人张一鸣,在公司九周年年会上讲到关于如何面对失误,并提出了自己的"四部曲",他说:"当你遇到一个问题的时候,你有几件事情要做。第一步是 Realize it,真正认识到错误,之后你就可以少一点儿懊恼了,认识到就是一种收获。你还可以 Correct it,改正它、修正它,这又是一种收获。你还可以 Learn from it,从这个错误中学习到背后的原因。书里面提了这三个步骤,后来我又加了一个：Forgive it——如果你已经完成了前三步，那么你应该放下它。面对错误，很多人强调痛定思痛，我的建议是，不要过长时间进入自我指责的状态中。"

他还提到几年前的一部名为《徒手攀岩》的纪录片，他在加州的时候还曾见过这个主角Alex Honnold，关于Alex的故事，他印象最深刻的一点是，往前往后都会很危险，但腿软心乱最危险。他说："在攀岩的过程中，既不能过多回头看，不能后怕，不能纠结走错了一步；也不能向前看，总想还有这么长的路要挑战。有一点非常值得向Alex学习——他在那个时刻，非常专注当下。"

的确，纠结已经犯下的错误，不如专注于此时此刻我们能做什么。向前看，容易失去继续前行的勇气；而向后看，又会耽误前进的时间。

初唐诗人陈子昂，年少时随父亲来到京城长安，每天的生活过得逍遥自在，除了打猎就是赌钱。一天，他在路过一处私塾时，私塾先生说："一个人如果放任自流，行为傲慢，就无法受人尊敬，甚至讨人嫌弃。"陈子昂听后，满是羞愧之情，他向私塾先生请教说，自己现在改正是否还来得及，得到肯定的回答后，他自此改过自新，潜心钻研学问，最终成为颇负盛名的爱国诗人。

一个女生非常自卑，觉得自己相貌平平，学历也一般，性格也并不讨喜，所以综合来看自己，就觉得自己很差劲儿。为了努力变得优秀，她参加工作后一直勤勤恳恳，通过各种各样的方式不断提升自我，但最终效果一般，仍旧是那个站在人群里不起眼的平凡女生。她难以接受自己的普通，也难以接受努力付出而无所收获的事实，她想要接纳自己，却又难以与自己达成和解。

不能与自己和解，就会为难自己，让自己陷入一种无法自我满足的状态中。

当当的创始人俞渝曾经说过:"放弃让自己成为不可能的人,然后全然接受自己。"无独有偶,蔡康永在《奇葩说》的节目中说:"大部分的人在一味爱对方的时候,常常会忽略自己最美好的部分。"接纳自己,与自己大大小小的不如意和解,发自肺腑地爱自己,如此一来,才能保护好自己的世界。

不要对自己太苛刻,让自己永远在追求完美的道路上不停歇,最终的结果注定是不能实现的,反而弄得自己身心俱疲。

"莫听穿林打叶声,何妨吟啸且徐行",不必去理会淅淅沥沥的雨声,不妨一边吟咏长啸着,一边悠然徐行。你所在意的,不妨试着放下,完全没有和自己较真的必要,人生已经足够苦,就不如多给自己一点儿甜。

Part 6　顺其自然是一门学问

　　顺其自然不是逃避，也不是任由摆布，相反，是认清客观事实之后，积极调整自我去接纳它，在接纳之中尝试新的突破。况且，顺其自然也不是人人都能习得的大智慧，而人生恰恰有许多地方需要顺其自然的心态。人生的智慧，并不深奥，关键在于你懂了，并付诸实践。

1. 知足常乐，剔除坏情绪

在《禅者的初心》中，作者认为植物或石头要顺其自然完全不成问题，但人们要顺其自然却不容易，而且是大大的不容易。要想达到顺其自然，我们需要付出努力。人生的多数烦恼在于想要的太多、得到的却太少，当欲望蠢蠢欲动却得不到满足的时候，落差感就会将人拽进泥潭，被失望、痛苦及焦虑淹没。知足常乐，简单四个字却蕴含着大智慧，容易知足的人必然比其他人更易获得快乐。

知足常乐，不是随便将就，而是懂得珍惜当下自己已经拥有的一切，不与他人进行比较，不会只看得到别人有而自己没有的东西。一个永远不知满足的人，难以获得洒脱豁然的人生，因为他们的心只顾着追逐未曾得到的，却忽视了自己已经拥有的。

"知足者贫穷亦乐，不知足者富贵亦忧"，贫穷之人懂知足，即便生活捉襟见肘也不妨碍他过着踏实稳定的生活；富足之人不懂知足，即便腰缠万贯也难以过上心满意足的生活。知足与否，决定了一个人会如何看待万事万物，也就影响着他的生活状态。

街角有一家卖烧饼的小铺子，老板是一个中年大叔，因为烧饼好吃又便宜，每天来买烧饼的人络绎不绝。有老顾客劝他再多开一家分店，这样收入就可以翻倍，等一家分店稳定后，还可以继续再开分店，慢慢就变成连锁店了，有朝一日就能日进斗金，当了老板也就不会那么累了。老板只是笑笑，他要的不是日进斗金，能够维持现状就是他的愿望。钱是永远赚不完的，一家店就能养活一家人，但如果开了分店，势必就要分出更多精力和时间去经营，那么陪伴家人的时间就少了。与其等赚了大钱再去享受陪伴家人的快乐，不如享受当下，踏踏实实地过好自己的小日子。

常来这家店买烧饼的老孙，看见邻居换了新车，便和妻子商量要不要也换一辆，但被妻子拒绝了。老孙现在开的这辆车是五年前买的，当时花了 30 多万，也算是一辆不错的车了。妻子认为现在又要换车，实在有点儿浪费，不如把多余的钱攒下来买房。老孙执意要买，他认为家里不是没有这个条件，而且儿子马上也要毕业了，参加工作之后也该有一辆属于自己的车。妻子却觉得儿子刚刚参加工作，没必要马上买车，还是要自己先打拼，等有了一定积蓄再考虑买车的事。两口子因为买车这件事争执不休，最后还是满足了老孙买车的心愿，开上了新车的老孙却开心不起来，因为小区老旧，没有地下停车场，大家都把车随意停在小区里，时不时就会出现剐蹭的情况，但又找不到负责人。老孙每次把车停好后，都会提心吊胆地回家，唯恐第二天发现划痕。

卖烧饼的大叔满足于现状，所以内心是踏实的，在全力以赴地经营生活。老孙明明有一辆不错的车，却不满足于此，花钱买了新车又平添了新的麻烦。自我满足，是快乐的基石，只有当我们真正认可自己时，才会由衷地感到安稳。

欲望是痛苦的根源，无止境的欲望会让人疲于奔命，永远在满足欲望的路上奔跑，而不同阶段又会出现新的欲望。心不安稳，生活就会一直处在动荡中。

有一个民间故事，一个人想得到一块土地，土地的主人向他承诺，从清晨开始，他从这里出发，跑一段路就插一个旗杆，只要他能够在太阳落山之前回到原地，但凡插上旗杆的土地尽数归他所有。这个人便疯一样地跑了出去，不停地跑，不停地插旗。他想要更多的土地，所以一直没有停下来的意思，直到太阳要落山了，才拼命往回赶。可在太阳落山之前，他没能回到原地，所以按照约定，他没有得到一块土地。如果能不那么贪心，适可而止，那么他也将收获不少土地，但一切就毁在贪心上。知足才能常乐，贪得无厌的结果就是一无所获。

智者，知足常乐；愚者，贪得无厌。贪婪是人性的弱点，也是痛苦的根源，一个人的快乐其实很简单，就是明白能让人真正快乐的是已经拥有的东西。《醉古堂》中说："贪得者身富而心贫，知足者身贫而心富；居高者形逸而神劳，处下者形劳而神逸。"知足常乐，不仅是对物质的满足，更重要的是精神世界的富足。

一天，明太祖朱元璋问百官："天下何人快活？"有人答金榜题名者，有人答富甲天下者，有人答洞房花烛者……这时，大臣万钢答"畏法度者快活"，因为畏惧法度之人必然奉公守法，绝对不敢忘了本分，没有非分之想也就不会有多余的担忧。不违反法度，也就不会有牢狱之灾，每天都会活得坦然，自然是最快活的。

有个朋友家境一般，每天早出晚归，一家三口挤在70平方米的小房子里，开一辆几万块的代步车，吃穿也不怎么讲究。在外人看来，他是个失败者，30多岁事业无成，每天忙忙碌碌却仍旧刚解决了温饱问题。但他每天都是满血状态，有人忍不住问他，为什么每天都这么开心？他反问说："为什么不开心呢？"他认为自己拥有善解人意的妻子，拥有健康活泼的宝宝，拥有一份稳定的工作，还拥有房子、车子以及存款，此外，父母身体硬朗，也都已经顺利退休，一家人其乐融融。

他每天最开心的事，就是下班回到家，给妻子和宝宝做晚饭，客厅时不时传来妻子和宝宝做游戏的笑声,那一刻他觉得自己就是世界上最幸福的人。对他来说,人生如此,已经足够幸福,他感恩自己所拥有的一切。至于那些不顺是无法破坏他的好心情的。正是因为知足,所以才让他变得强大。

可能大多数人喜欢清点自己还没得到什么,但你认真审视过自己已经拥有了什么吗?你拥有的健康,就是无数得病之人奢望的;你拥有的陋室,就是无数还在租房住的人向往的;你拥有的乐观天性,就是无数自卑胆小之人渴望的……拿破仑拥有至高无上的权力和用之不尽的财富,但他回望自己的一生时,仍说:"我这一生从来没有过一天快乐的日子。"海伦·凯勒丧失了视力、听力,却由衷地感叹说:"我发现生命是这样的美好。"

老子说:"祸莫大于不知足。"多少是非祸事由贪念而起,妻离子散、兄弟反目……多少前车之鉴,戒贪戒躁,才能更安宁。

2. 放得下是一种修行

面对两难的问题，拿得起放得下才能当机立断，有敢作敢当的魄力，自然会避免许多麻烦。"拿得起"是积极的人生态度，"放得下"则是一种豁达洒脱。

凡事拿得起，证明你对自己的人生有足够的掌控力。在工作中，你能游刃有余，不惧任何挑战；在生活中，你能处理好各种人际关系，照顾好亲朋好友。无论在工作中还是在生活中，一个能拿得起的人都会给他人呈现出一种值得信赖的形象。同时，拿得起也得放得下，否则一生就会活得很疲惫，这就是为什么有些人表面上雷厉风行，但暗地里却被烦恼扰得心烦意乱。

一个老和尚带着一个小和尚赶路，过河时发现有一个女人等在河边迟迟无法过河。倾盆大雨过后，河水湍急，她带着许多货物担心过河时被冲走。老和尚上前询问是否需要帮助，女人就请老和尚帮忙。于是，老和尚将女人背到了河的对岸。抵达岸边后，将女人放下，随后又回去接小和尚过河。小和尚小声嘀咕说："师傅，男女授受不亲，你怎么能背她过河呢？"老和尚听见后并没有作声，继续默默赶路。走了许久后，小和尚还在嘀咕，认为师傅不能背女人过河，这是不对的。这时，老和尚对小和尚说："我已经放下了，但你却没有。"

仔细想想，我们多数人又何尝不是如此？正是因为放不下，所以才导致那么多不开心的事发生，甚至很多次的"一时冲动"也源于放不下。人生这场旅行，肩上的负担越来越重，自然会越来越疲惫。

有些事你可以不放下，但是如果它已然成为你的负担，那就要学会放下，只有轻装上阵，才能在人生的旅途中越走越顺、越走越远。

年过40岁的马师傅，最近遇到了一个烦心事，就是他的技术遭到了新手的质疑。在一个技术数据上，刚毕业的大学生竟然给他指出了错误，这让马师傅十分不痛快。在他看来，自己可是技术骨干，想当年也是小有名气，代表厂里出去比赛屡次获奖。如今，他带过的徒弟大多都已经成了师傅，想不到自己竟然被一个没有任何实践经验的人挑出了毛病。

俗话说"好汉不提当年勇"，曾经的辉煌只能留在曾经，一个人不进则退，后浪就会将前浪拍在沙滩上。马师傅放不下自己的过去，自从他成为技术专家，向来都是指导别人，还没有人能对他指指点点。马师傅觉得刚毕业的大学生来给自己上课还不够资格，所以对他提出的建议也没放在心上，但实践证明，马师傅的经验已经有些过时了。

宝贵的经验是一笔财富，应该促使人走得更远，而不是成为枷锁，将人困在原地停步不前。想要继续曾经的辉煌，马师傅首先要做的就是放下过去，尝试去接纳新的技术和知识，从而锐意进取，重获开拓创新的朝气。

尘世纷扰，放不下的就会成为包袱，让你疲惫不堪。

欢欢和男朋友和平分手后，整日郁郁寡欢，她放不下这段感情但又无法继续走下去。嘴上说着"长痛不如短痛"，但她自己清楚，即便分手后也仍是"长痛"。一个人吃饭时,她会想起和他在一起吃饭的场景,那时候他会提醒自己多多吃饭;聚会时,她会想起之前都是男朋友来接她回家,不会让自己深夜独自打车回家;工作时,她会想起两个人曾互相鼓励,陪伴着彼此走过了最难熬的日子……她陷在太多回忆里,放任自己去一遍又一遍地体味曾经。

闺蜜想给她介绍新的朋友,她选择拒绝,她不想在自己还没走出上一段感情的时候,去开始新的感情。闺蜜听后摇了摇头,对她说:"你放不下他,就等于不放过自己。那个人已经不爱你了,就算你放不下又能怎么样?除了让自己伤心难过,让亲朋好友担心以外,还有什么好处?"

感情上的放不下,可能最为致命,尤其是将感情视作人生全部的人,一旦感情受挫又难以及时走出来的话,就会被痛苦淹没,偏激的人会认为自己不配被爱,甚至迷失了自己。

放得下才能向前看,向前看才能收获新的可能。放得下对你自己来说是一种解脱,困住你的不是别人,正是你自己。佛经说:"如何向上,唯有放下。"放不下的结果或许就是一无所有,你握得越紧,失去得越快。

人生不是得到越多越快乐,而是放下越多才会越轻松自在。法国思想家蒙田说:"今天的放弃,正是为了明天的得到。"

摒弃私心杂念是人生的修行,拿得起放不下就会成为羁绊,想要活得潇洒,不仅要放得下,还得是心甘情愿地放。只有情愿去做,才能放得自然,放得没有遗憾。

尤其人到中年,是人生最疲惫的阶段,除了作为家庭顶梁柱的压力,还有长年累月的操劳。这一路走来,所有放不下的东西都会背在身上,让曾经的少年变得无趣。内心强大的人,才会顶住压力拿得起,才会彻底释怀放得下。

每个人性格迥异，但人生的道理是通用的，可以指导每个人去过随心自在的生活。李白有诗云："天生我材必有用，千金散尽还复来。"他放得下千金，才收获了自在的人生。放下，就有新希望；放不下，就只有已成定局的过去，你会怎么选？

叔本华说："衡量一个人是否幸福，我们不应该向他询问那些令他高兴的赏心乐事，而应该了解那些让他烦恼操心的事情；因为烦扰他的事情越少、越微不足道，那么，他也就生活得越幸福，因为如果微不足道的烦恼都让我们感受得到，那就意味着我们正处于安逸、舒适的状态了——在很不幸的时候，我们是不会感觉到这些小事情的。我们要提醒自己不要向生活提出太多的要求，因为如果这样做，我们幸福所依靠的基础就变得太广大了。依靠如此广大的基础才可以建立起来的幸福是很容易倒塌的，因为遭遇变故的机会增多了，而变故无时不在发生。"这正是要求我们放下，"万物之始，大道至简，衍化至繁"，这是老子为后人留下的精神指引，生命就是由简到繁，最终又由繁到简的过程。时间撑起我们的骨骼，而生活的点点滴滴则构筑起我们的血肉，美好的生活也由此而来。

人生本就迷人又复杂，多的是我们难以消解的问题，而其中又有一些变成我们的执念，所以学会放下是一生的修行。正如贾平凹所说："人既然如蚂蚁一样来到世上，忽生忽死，忽聚忽散，短短数十年里，该自在就自在吧，该潇洒就潇洒吧，各自完满自己的一段生命，这就是生存的全部意义了。"

3. 吃亏未必是坏事

常说"吃亏是福",指的是懂得忍让的人是有福气的,倒不是说吃亏了就是一种福气。那种将"吃亏是福"当作人生信条而处处忍让退却的人,并不是真正的有福气,而是一个人只有懂谦让才能忍得了吃亏,由此不会因为小事斤斤计较,也就最大程度上避免了与人发生争执的可能。

在很多情况下,心情由心境决定,比如值不值得生气、要不要生气、会不会生气,而对吃亏这件事的理解就是非常重要的因素。与人交往,避不开利益往来,难免会有分配不均的时候,如果大家都不愿吃亏,那势必会发生争执,但凡有一方肯让步,事情就有可能朝着好的方向发展。有人会觉得,凭什么要我去做那个吃亏的人呢?有舍就有得,表面上是吃了小亏,但实际上你得到的要远超于这点儿小利益。

楚汉之争初期,刘邦是疲兵弱马,项羽则是兵强马壮,所以刘邦屡战屡败。但常胜将军项羽却因为贪小便宜,不顾笼络民心,最终众叛亲离,落得自刎乌江的结局。而肯吃亏的刘邦,最终得了天下。

朋友 A 有个三岁的孩子,正是上幼儿园的年纪,从小娇生惯养,是个走到哪里都不肯吃亏的主儿。其他小朋友坐了他的椅子,他就要把椅子抢回来；小朋友玩了他的玩具，他就要把玩具抢回来；其他小朋友多拿了一块点心，他也要抢过来……在幼儿园是出了名的不肯吃亏。在家就更是如此了，姐姐吃的苹果比他的个头大，他就哭着喊着要换过来；姐姐买了新衣服，他就撒泼打滚闹着也要；姐姐比赛获得了奖杯，得到了父母的奖励，他也要相同的奖励……

小小年纪就不肯吃亏，这与家庭教育有着直接的关系。实际上，确实有许多父母在教导子女时，最喜欢叮嘱的一句话就是"在哪都不能吃亏"，这仿佛是一种坚定的信念。其实，父母的良苦用心可以理解，毕竟都是心头的宝贝疙瘩，怎么能受到别人的欺负。但转念一想，一个人如果处处较真，半点儿亏都不肯吃，那这个人大概率会形成一个易怒的性格。

追求物质本没有错，但如果一味想着多占便宜、少吃亏，就会误入歧途。

鲁国的宰相公孙修，是一个特别喜欢吃鱼的人，这在鲁国人尽皆知，来送鱼的人络绎不绝。但是无一例外，公孙修全都拒绝了。有人表示不解，为什么不接受呢？他解释说："我确实喜欢吃鱼，但如果接受了别人给的鱼，就意味着对他有所亏欠，一旦发生枉法的事，我也就会失去宰相的职位，到了那个时候，不但没有人再来送鱼给我，就连自己也没有买鱼的能力了。"只要拒收，就不会枉法；不会枉法，也就不会丢掉宰相之职，想吃鱼可以随时去买，何必要冒险呢。

贪小便宜吃大亏，为了小恩小惠而失去重要的东西，着实得不偿失。所以，不要认为拒绝了别人的好处就是吃了亏，放弃这点儿蝇头小利，却能获得长久的安稳。懂得吃亏，是做人的境界，也是处世的智慧。

清末民初时期，有一家绸缎店遭遇一场大火，店里的东西全部被烧毁了，包括最重要的账目。一番权衡后，老板张贴了一张告示，表明因账目烧毁，之前欠他的钱都可以不还，但他欠别人的钱，只要拿着凭据即可归还。如此一来，绸缎店肯定是吃亏的一方，借出去的钱收不回来，但跟别人借了的钱还得照常还。原本以为是吃了大亏，实际上，绸缎店却因此名声大噪，有许多人正是认准了老板的厚道，所以特意来与他做生意。虽说一场大火毁掉了不少家当，但此后生意却蒸蒸日上，很快就扭亏为盈。

老子说，福兮祸所伏，祸兮福所倚。一时吃亏，不会一世吃亏。但也要少些被动吃亏，多些主动吃亏。

小李年纪小，但处事老到，有着与年纪不相符的稳重和豁达。也因为年纪小，所以在团队里总是被"使唤"的那一个，但凡比他资历老点儿的人都会让他帮忙，完全是拿他当个助理。同期的小王看不下去了，觉得他们是在欺负小李，他不止一次劝小李，千万不能让他们形成习惯，这样下去就吃大亏了。

小李笑笑说，"都是一些力所能及的事，无所谓的。"除了其他人交代给他的事，他还主动去帮忙，承担了许多职责之外的事。一天，公司准备派人去外地出差学习，小李和小王都非常想去，但大家一致推选小李，理由是小李熟悉各个业务环节，所以他是最合适的人选。其实大家心知肚明，小李与小王二选一的话，绝对是选小李，熟悉业务只不过一个表面的理由，根本原因是小李靠自己的付出赢得了大家的信赖。有类似的好机会，肯定是留给他，而不是平日里半点儿亏不肯吃的小李。

假设小李也是不肯吃亏的人，那么他就会在承担额外工作的时候全是不满，认为自己拿一份工资却要干两份活儿。每天看着"使唤"他的人，也是气不打一处来，话里话外也会带着情绪。最后，可能人际关系也没处好，自己还生了一肚子气。

主动选择吃亏，绝对不是愚蠢，相反，一心只想占便宜才非明智之举。一直不肯吃亏的人，最终可能是吃大亏的那个人。为小利争个头破血流，最终竹篮打水一场空。懂得吃亏，就是懂得舍弃与放下，而在你的言行举止中，藏着你的风度和品质。

一时受益而已，不会一直受益；一时吃亏而已，也不会一直吃亏。敢于吃亏，有一份平和的心境，路才走得更远。

4. 该放弃就不要固执

放弃，似乎是一种怯懦，但在许多人生关键时刻，放弃是一种睿智。"鱼，我所欲也；熊掌，亦我所欲也，二者不可得兼，舍鱼而取熊掌也。"当二者不可兼得时，必然要学会放弃，否则一条路走到黑完全是在消耗自己的大好年华。

人生正如行军打仗，犹豫不决就会影响整体战事的走向，能够善于决断才能抓住瞬息万变的机会。放弃又何尝不是全新的开始，从错误的轨道中脱身，转而走上一条充满新生的道路。

放弃不适合自己的工作，放弃不适合自己的感情，放弃不适合自己的婚姻，试着修剪杂草丛生的生活。

梅梅是个爱说爱笑的姑娘，毕业后听从父母的安排，在老家的一个国企单位做行政文员，每天的工作重复又单调。每当梅梅想要换份工作的时候，都会遭到父母的强烈反对，他们认为对一个女孩子来说，拥有一份稳定的工作是很重要的。在父母的观念中，女孩子能够朝九晚五就好，这样才可以抽出更多时间照顾家庭。起初，梅梅也不清楚自己到底喜欢什么，也从来没有认真思考过自己的职业规划。

在日复一日的工作中，梅梅慢慢厌倦了工作的乏味枯燥，她开始思考是否应该跳出现在的生活圈子，去找寻更适合自己的工作。

在她的坚持下，父母只能劝她三思后行，毕竟她没有其他工作经验，没有对比也就无法知道外面的世界会更美好还是更糟糕。想到如果自己要将一辈子献给这样的工作，她下定决心要放弃这份已知的安稳，去追寻未知的生活。

许多人难以放弃已经拥有的安稳，所以宁愿心怀无奈继续下去，也不愿重新出发。每个人的选择都是基于自己的人生做出的，所以无论何种选择都无可厚非，但如果已经开始厌烦，就不如试着放手，勇敢地换一种活法。

放弃是一门大学问，想要说到做到确实不易，知易行难，在任何情况下都是如此。正是因为懂得放弃、能够放弃并非易事，所以才会导致诸多麻烦和烦恼产生。

阿凯陷在一段感情中，迟迟难以做出决断，整日无心工作。他和女朋友是异地恋，从大学时期成为恋人，毕业后各自回到家乡开始工作，到了谈婚论嫁的年纪，阿凯想要女朋友来他的家乡工作、定居，而女朋友却更愿意留在自己的家乡。作为独生子女，两个人都需要考虑父母的情况，不管是去谁的家乡生活，都注定了一个人的父母要面对子女不在身边的情况。

两个人为了这件事经常吵架，无法接受彼此的提议，也无法说服彼此，最后就一直冷战。这么多年的感情来之不易，点点滴滴都是美好的回忆，所以谁也不愿轻易说分手，只能变成僵局。阿凯和父母仔细聊过这个问题，父母坚持要求他留在本地，让他再去做女朋友的工作，甚至许诺可以给未来儿媳妇找工作等。但女朋友坚决留在家乡，如果他不能过来，那只好结束这段感情。

异地是对感情的一大考验，而在谈婚论嫁的时候，往往成为感情断送的一大原因。这段感情中没有对错，彼此真心相对，只可惜现实残酷，终究难成眷侣。对阿凯和他的女朋友来说，或许放弃这段感情才是当下最合适的决定。

婚姻是需要用一生去经营的，如果在关键问题上难以达成一致，或勉强达成一致，在今后也会出问题。等到已成定局再去后悔，对两个人来说会产生更深的伤害。他们如今放弃的，除了一段难以顺心如意的感情外，其实也是在规避婚后的种种矛盾。在可以好聚好散的时候分开，总好过日后成为怨侣。

刘姐最近在办离婚手续，在50岁的时候选择离婚是需要勇气的，这也是她深思熟虑的结果。在很久之前，久到孩子刚刚出生的时候，她就不止一次考虑过离婚，但那时起"为了孩子"就成了她坚持下去的理由。在婚后的几十年中，丈夫的所作所为早就伤透了她的心，为了孩子一直隐忍，终于等到孩子成家立业，她终于下定决心为了自己而活。

爱子之深则为之计深远，为了孩子也可以选择委屈自己，但走到人生的某个路口，终于可以鼓起勇气放弃早就不该坚持的东西。在婚姻中，最怕的不是吵架，而是无话可说，一旦冷漠相对，感情也就所剩无几了。此时此刻，如果仍继续坚守，无非就是委曲求全罢了。

释迦牟尼在19岁时，顿悟人世生、老、病、死等诸多苦恼，决定放弃富贵的王族身份，从此出家修行。他舍弃了亲情、友情，才得以创立佛教，由此对人类产生了深远的影响；鲁迅弃医从文，用笔作枪，唤醒民众起来与反动势力作斗争；范蠡弃政从商，大获成功，而他的好朋友文种，难以放弃自己的仕途，最终惹来杀身之祸。

所以，放弃是为自己寻找新的可能性。人生的道路本就不只有一条，正所谓条条大路通罗马，达成目的的方式也多种多样，关键在于正确与否，只要大方向没有错，走哪条小路又有什么关系？

放弃不是懦弱的表现，更不是一时冲动，相反，是在清醒的认知下，带着勇气作决定。卸下负累，给自己减重，轻装继续人生路。请正视自己，只有自己才能打开心灵的桎梏，明辨孰是孰非，才能走一条坦途。

放弃是基于理性的思考之下，为漫长人生路做出更正确、更恰当的选择。我命由我不由天，应该前进时绝对不退缩，应该放弃时也千万不要犹豫。

坚持也好，放弃也罢，都是为了对我们的人生负责。每一个决定都要深思熟虑，正确的决定能让我们少走弯路，让我们的努力和付出最大可能地获得应有的回报。听从自己内心的指引，去找到属于自己的位置吧。

5. 失去也无所谓

你害怕失去吗？比如青春、工作、爱情……那些我们会用一生去追求的事情，当被迫失去时，你会如何面对？

有一位做心理咨询的朋友，他曾经说过，有一大部分人所咨询的问题集中在如何处理各种各样的"失去"上，有些是已经发生的，有些是尚未发生的，甚至包括自己想象出来的。"失去"这件事成为一种负累，又碍于自己的认知能力无法自行清理，所以不得不向外界求助，可见对"失去"的无可奈何已经成了他一个心病。

正视失去的前提，是要透过事物的表现看到本质，只有了解了根源所在，才能穿越失去造成的痛苦，并在痛苦之上收获成长。失去的痛苦来源于无法接受，一旦能够做到坦然接受，失去的痛苦也就会随之减弱。

接受失去，也就是接受现实。当你面对无法更改的现实，是试着坦然接受，还是一边抑郁一边被迫接受？这二者的区别将会呈现出两种截然不同的人生。

陶勇，毕业于北京大学医学部，医学博士，博士生导师、教授，是首都医科大学附属北京朝阳医院眼科的主任医师。

2020年1月20日，朝阳医院眼科发生暴力伤医事件，陶勇医生左手骨折、神经肌肉血管断裂、颅脑外伤、枕骨骨折，两周后虽然脱离了生命危险，但即便经过精心的治疗，他的左手依旧没知觉，需要全天 24 小时戴着支具，就连正常的生活都变得极其不方便。

陶勇医生所失去的，于他自己是未来的职业生涯，而对于他的患者来说，则是一双能够解救他们于水火的手。放在任何人身上，这都是难以承受的现实，但是陶勇医生却在磨难之中，凭借毅力和勇气接受了这个不可逆转的现实，继续回到一线工作。

他说："我不想只看到人生的刺，也想看到那朵花。"失去的已成定局，若是日日埋怨，感叹苍天不公，人生的后半程又该如何继续？陶勇医生没有怨天尤人，更没有沉浸在巨大的悲痛中，而是调整自己重新出发。

让自己的不幸变成大家的不幸，让其他人也尝尝失去的滋味，正是缺失了接受失去的能力，才会产生如此病态的想法和行为。接纳理想的幻灭，接纳自己只是个普通人，勇敢承担起自己的人生，在苦痛之中挣扎出新的生命力。

面对失去，必然会产生愤怒、哀伤、失望等一系列负面情绪，这是人之常情。但是，除了让人痛不欲生之外，一定还有其他可行的对策。

当我们无法接受现实时，就会想方设法来进行改变，但意识到自己无能为力时，就会变得愤世嫉俗，开始咒骂人生不公。近年来报复社会的恶性事件时有发生，多数都是被失去折磨到疯狂的普通人，他们将自己的不满发泄到无辜的人身上，从而安抚自己的心灵，获得片刻满足。

在尚未发生的失去面前，有些人有着过度的焦虑和恐慌，尽管一切尚且未知，但整个人已经陷在了确定失去的痛苦里。对于我们难以控制的事情，要做的不是杞人忧天，而是顺其自然。

爱美之心人皆有之，但韶华易逝，衰老是每个人都要面对的问题。有些人能够坦然接受容颜的变化，即便皮肤出现皱纹，身材开始走样，也依旧热爱生活。而有些人就容易产生恐慌，担心自己失去青春后，生活会变得越来越糟糕。

小美人如其名，就是一个非常爱美的女孩子，平日里也非常注重保养，就是担心等到自己四五十岁的时候，会变成满脸皱纹且身材发福的中年大妈。为了保持靓丽的容颜和身材，她会花费大笔的钱和大量时间在保养和健身上，她的生活重心就是维持美貌和体型，甚至抛弃了许多以往的爱好和兴趣。

过度害怕失去就会造成恐慌，一个人如果失去了生活的乐趣，只顾着对抗自然规律，那又有什么意义呢？美貌并不能长存，皱纹是岁月留下的痕迹，与其预防衰老不如多花些时间来提升气质，等七八十岁的时候，做一个有气质的老太太。

一个没有自我的人，唯恐失去他人的依赖，一旦原本稳固的关系发生变化，也就会引发紧张焦虑。这个类型尤其体现在两性关系及母子关系中。

先建设自我，有了坚强的内核，也就有了自愈的能力。不管我们失去了什么，都可以凭借自己的力量来消化失去所带来的痛苦，而无须依靠其他人。比如能够懂得自爱，也就不必央求他人来爱，失去一个不爱自己的人又何妨？

关于"自己"，山本耀司说："这个东西是看不见的，撞上一些别的什么，反弹回来，才会了解自己。"所以也不必害怕失去，只有当我们失去了某些东西时，也正是某些意识觉醒的时候，也能够帮助我们更好地了解自己。

一个妈妈担心孩子学习差、长大没出息，所以她就会严加看管孩子的学习，能用来学习的时间绝对不让孩子去玩耍，但凡有成绩下滑或不理想的情况发生，就会勃然大怒。其实，这就是对未来的一种恐惧,是在担心孩子失去一个美好的未来。时间久了,这种焦虑演变成一种病态,对自己、对孩子都造成了伤害。

朋友劝她说,不要过于追求分数,让她想开些。成绩只是对一段时间某个科目的学习程度的表象,但如果过度追求成绩,而孩子又不精于学习,那么来自父母的压迫就会让他产生厌学的情绪,反而不利于他的学业。

在朋友的开导下,这位妈妈才慢慢正视自己的所作所为,她的用心良苦反而成了孩子的负担,原本活泼的孩子,却被她硬生生管得畏手畏脚。她开始审视自己,与其担心孩子的未来,不如陪孩子走好现在的每一步。对孩子而言,一个充满和谐的氛围、父母无条件的爱和支持,以及稳定富足的家庭条件,要远比眼下的分数重要。

失去会带来痛苦,所以有些人选择逃避。多少痴男怨女因为害怕失去,宁愿委曲求全,哪怕早就没有了爱情的甜蜜,只剩下无奈和烦恼,也硬撑着说彼此相爱。如果要用忍耐换取拥有,那就等同于为了回避失去的痛苦,而亲手葬送了自己的自由。

不去面对所以不会痛苦,那么由于逃避而造成的其他痛苦呢?又要如何消解?逃避是无法解决任何问题的,痛苦不会消失,只会转移。

削弱对失去的恐惧,可以给自己找好后路,多一个备选也就多一分安稳。重要的不是完全忽视失去,而是去正视它,从而找到解决对策。当你能够接受失去,又能积极应对失去的时候,也就是真的做到了无惧失去,从而修炼出一颗强大的心脏。

6. 成事在天，胜负看开

纪晓岚在《题八仙对弈图》中曾写道："局中局外两沉吟，犹是人间胜负心。"有胜负心是人的本性之一，而且对于胜负的问题，我们无法避免。即便我们无心去争个胜负，但现实会告诉我们，有人在的地方就会有比较，有比较就会有优劣之分。

有人会觉得，既然有竞争，那自然要一决高下，谁也不愿意是输家，所以一心求胜很正常。的确，正是胜负心驱动我们不停前进，如果对结果不在意，那也就会少了许多动力。实际上，有胜负心没有错，而是尽量控制好它，只为胜利而忽视其他，很容易让自己的人生道路越走越窄。

有些人会将胜负心当作上进心，其实二者还是有区别的。

上进心会驱动一个人去做对个人、他人有利的事，他的动机是积极的。比如在工作中，新入职的小白积极地向其他人求教，是为了更快胜任工作，这样的心态就是上进心。胜负心所关注在意的只有输赢，不管产生何种结果或影响。比如商场如战场，一家店铺为了能够赢过竞争对手，不惜打价格战，伤敌一千自损八百。

胜负欲会让人一味追求胜利，只想着赢过他人，而忽视了其他。

夫妻之间就很容易被胜负欲支配，两个人陷入无休止的争吵中，只为了赢过对方。论一时输赢，无论是谁占了上风，也不过是一时口快而已，两个人中并没有胜利者。

有的人争强好胜，哪怕是玩游戏都一心想赢，好像他的字典里就不容许出现"输"这个字。

小赵是个游戏迷，同时也有着强烈的胜负欲，是一个不能接受输的人。如果是单人作战，他就会将游戏当成竞技比赛，但凡输了就会生气。如果是团队作战，如果输了比赛，那么他就会开始数落队友，把其他人的操作说得一文不值。玩游戏本来就是放松身心的，但是小赵却因为玩游戏变得愈发紧张了。他忘了游戏的本质是休闲，硬是将休闲变成了任务。

不是不允许有对胜利的渴望，而是要掌握好一个度，遇到旗鼓相当的对手，自然会产生棋逢对手的快乐。胜负心太强的话，就会进行自我施压，如果一个人难以接受失败的话，那么整个人也容易走极端。

如果没取得胜利，就会产生深深的自责，甚至开始自我怀疑。当一个人开始自我否定的时候，挫败感会更强烈，将自己看作一个一无是处的人，自信心及自尊心都会严重受挫，一旦不能及时调整纠正，就会造成心理阴影。

胜败乃兵家常事，正视自己只是个普通人，即便是胜利者，也不过是一时的；即便是失败者，也是暂时的。逆水行舟不进则退，只要奔跑在路上，就没有辜负生命、阳光和自己，胜负只不过是一个比较而已。与自己和解，不去逞强做一个只准赢不准输的人，去追寻过程之中的美好，尽力而为，胜负看开。

婚姻之中的两个人也会有心情不爽的时候，拌嘴是家常便饭。但如果两个人将拌嘴变成了一场辩论赛，不问彼此感受而只顾着输赢，那很有可能最后赢了争执，输了感情，赢了又如何？

小 A 和小 B 结婚一年多，刚刚步入婚姻的两个人有着诸多细碎的小矛盾，让小A最难以忍受的是，小B凡事都要争个谁对谁错，一定要说到小A心服口服才住嘴。一次，两个人因为妻子到底该不该给丈夫洗袜子吵了起来，小A坚持认为，彼此平等，没有什么应不应该，都是心甘情愿的事；小B则认为，丈夫忙碌一天，妻子帮忙洗袜子是天经地义的事。为此，两个人争执不休，从一开始的心平气和到后来的怒火攻心，谁也不服谁。

小A不想继续下去了，便主动示好，想尽快结束这场口舌之争。但小B却意犹未尽，不停地重复着自己的观点，甚至让小A认错。小A本来就一肚子火气，听他这么一说，耐不住性子又吵了起来。最后，还让双方父母来评理，父母自然是帮着自家孩子说话，这下可好，从小两口吵架变成了两个大家庭争论，互不相让，各说各有理。

最终，小A要求离婚，她觉得这种日子一天都不想过下去了，她已经受够了一个喜欢喋喋不休的人。在小A看来，比起两个人的感情和她的感受，丈夫更在意他的输赢。在双方父母的劝说下，小B诚恳地道了歉，这才挽回了小A。

在很多情况下，是不适合分出胜负的，因为胜负没有意义。比如婚姻，本是互相扶持的两个人，为什么要争一个输赢，你们是伙伴、朋友、亲人，而不是竞争对手。

李大爷是个爱下象棋的人，退休之后天天闲在家里，最大的爱好就是去小区找其他老人下棋。同小区张大爷也是个棋迷，而且对博弈颇有研究，所以赢遍了小区的老老小小。李大爷听说张大爷是个常胜将军，便总想找机会切磋一下。一天，李大爷下楼遛弯，正巧碰上张大爷在下棋，他赶紧凑过去围观，不出意料，张大爷又赢了。李大爷棋瘾上来了，邀请张大爷和他下一局，张大爷答应后，两个人严阵以待，颇有对阵的意思。

两个人旗鼓相当，经过几个回合后，李大爷竟然获得了胜利。围观的人纷纷表示，能够赢下张大爷的人为数不多，都在称赞李大爷厉害。张大爷输了棋局，回到家后闷闷不乐，老伴儿发现了他不对劲儿，再三追问下才知道是输了棋局而已，知道他看重输赢，所以挑些好听的话来安慰他。但张大爷却不领情，连饭也没吃，回到卧室就开始钻研起棋谱来，暗暗下定决心，下次一定要赢下李大爷。

　　半个月过去了，张大爷一直在找机会和李大爷下棋，但一直不见李大爷的身影。这可把张大爷气坏了，他认为李大爷是故意躲着他，就是为了不想让他有机会赢回去。就为这件事，张大爷又生了好几天的气，甚至总感觉血压高、头疼。后来才知道，李大爷是被孩子带着出去旅游了，所以最近都没在家。知道张大爷的事之后，李大爷主动约李大爷出来下棋，这一次李大爷故意放水，让张大爷赢了一局棋。张大爷不知道内情，开心得像个孩子。

　　我们需要通过胜利来赢得认可和赞美，"胜者为王，败者为寇"，我们仰望胜利者，也同样应该尊重失败者。失败不代表可耻，"不以成败论英雄"，因为世界上并没有绝对的胜利和失败。

　　真正的赢家，是对自我有正确定位的人，是积极进取也能允许自己失败的人。

Part 7　管好情绪，先管好嘴巴

情绪管不好，多半是嘴巴也没管好。想说什么就说什么，想怎么说就怎么说，这样做的后果就是说不好哪天吃了亏栽了跟头。千万不要随便就将内心的真实感受表达出来，尤其是负面的情绪，当你处在生气的状态下，你说出来的每一句话，都有可能造成负面影响。所以管好情绪，就要先管好嘴巴，这样才能控制住情绪。

1. 说话时要控制自己的情绪

你会注意自己说话时的情绪吗？如果这是你一直以来都会忽视的事情，往往就会因小失大。能够控制好说话的情绪，不论是在职场还是生活中，都能够游刃有余地处理事情。如若不然，就会因为你的情绪失控而脱离理智的控制。

自我控制其实并不难，更不是什么高深的技能，只要你多加留心，就能够做掌控情绪而非被情绪掌控的人。

自我控制法则第一条：不轻易下结论。

不管当时的情形有多么的紧迫，都不要随随便便下结论，一定要沉住气。急于下结论的结果，往往就是下错结论。

美国作家马里杰·斯比勒·尼格曾讲过这样一个故事。有一回，一位老人对他讲："我年轻时自以为了不起。那时我打算写本书，为了在书中加进点儿地方色彩，我就利用假期出去寻找。我要在那些穷困潦倒、懒懒散散混日子的人们当中找一个主人公，我相信在那儿可以找到这种人。一点儿不差，有一天，我真的找到了这么一个地方，那里到处都是荒凉破败的庄园、衣衫褴褛的男人和面色憔悴的女人。最令人激动的是，我想象中的那种懒散混日子的场景也找到了。一个满脸胡须的老人，穿着一件褐色的工作服，半坐在一把椅子上为一块马铃薯地锄草，在他的身后是一间没有刷漆的小木棚。

我立刻转身回家，恨不得马上就坐在打字机前。而当我就要走过小木棚，在泥泞的路上拐弯时，又从另一个角度朝老人望了一眼，这时我下意识地突然停下了脚步。原来，从这一边看过去，我发现老人的椅边靠着一副拐杖，他有一条裤腿空荡荡地垂在地面上。顿时，那位刚才我还认为是好吃懒做混日子的人物，一下便成为一个百折不挠的英雄形象了。"

尼格说："从那以后，我再也不敢对一个只见过一面或聊上几句的人，轻易下判断和作结论了。感谢上帝，让我回头又看了一眼。"

这条人生经验绝对值得我们借鉴，你的嘴一定不要快过你的思想，多思多想都未必能够看穿真相，更何况是在情急之下，你的结论又能有几分准确性呢。所以，不论是重要场合还是日常场景，聪明人都会尽量避免受一时的情绪支配，以免造成不必要的损失。

遇事不慌，千万不要因为一时性急而草率地作出决定，如果很难依靠现有的线索或是自己的认知做出结论，那么就暂且保持沉默，去请教其他人。避免失误，就是另一种成功。

自我控制法则第二条：不要抱有过高的期待。

无论目前的情况有多么的顺利，都尽量降低期待，尤其是对其他人的期望不要过高。不抱希望，也就不会失望，对人也是一个道理。

阿新已经是工作五年的老员工了，无论是工作上还是人际关系中，她都处理得当，按理说这样的人在工作中应该没有什么烦恼。实则不然，她最大的烦恼就是她总对其他人抱有过高的期望，所以每次在工作难以推进的时候，都会格外烦心，甚至会和其他人发生争吵。大家知道她工作能力强，也知道她对待工作一丝不苟，但所有人不可能都像她一样优秀。

阿维是新来的实习生，领导让阿新带着他尽快融入团队和工作中，阿新认为既然阿维从名牌大学毕业，那能力自然算是上等，否则公司也不会以优厚的待遇招进来。可是，阿新忘了既然阿维是新人就会缺乏足够的经验，如果以高标准去要求他，注定会失望。这就让阿新十分不快，对接工作的时候难免有冷嘲热讽的意思，阿维也不是忍气吞声的性格，一不小心两人就吵了起来。

有人劝阿新不要太过较真，让她给新人多些指导和发挥的空间，这样也不容易失望，更不会让人觉得她难以相处。与阿新熟识的人知道，她是一个不错的搭档，什么事交给她都会很安心，和她合作就相当于成功了一半，但与她接触不久的人就会觉得她的要求过于严苛，感觉做什么都难以达到她的标准和期待。

不要对别人抱有过高的期待，自己不容易失望，也就不容易生气，和对方相处起来也就更和谐。

叔本华在著作《人生的智慧》中坦诚地说："谁要是完整地接受了我的哲学的教诲，并因此知道我们的整个存在其实就是有不如无的东西，而人的最高智慧就是否定和抗拒这一存在，那么，他就不会对任何事情、任何处境抱有巨大的期待；不会热烈地追求这尘世的一切，也不会强烈抱怨我们计划的落空和事业的功败垂成。相反，他会牢记柏拉图的教导——没有什么人和事值得我们过分操心。

自我控制法则第三条：在坚持原则的前提下随圆就方。

原则和底线不能触碰，但如果是一些无关痛痒的小事，就不必感情用事。

史书记载，武则天时代的丞相娄师德，"宽淳清慎，犯而不校"，说他处事谨慎，待人宽容，从不与人计较，哪怕是冒犯了他的人。当时，娄师德和弟弟备受恩宠，嫉恨他俩的人非常多，所以当他的弟弟任代州刺史时，他曾告诫弟弟，一定要学会保全自己。弟弟向他承诺，以后如果有人朝他脸上吐唾沫，他也不会反击，只会自己擦干。娄师德却说，这样做更令他担心，他解释说，对方朝他吐唾沫就是在生气，如果把唾沫擦掉，只会让对方误以为是在顶撞他，所以会更加生气。他认为最好的办法是不仅不去管，还要乐呵呵地回应，等唾沫自己干掉。

这就是"唾而不拭"的由来，乍一看觉得有几分道理，但实际上，这并不是值得提倡的行为。不顾自己的尊严和原则，不分场合地忍受和退让，是自轻自贱而非大度。不讲原则的委曲求全，就是另一种姑息迁就，肯定会铸成大错。

随圆就方的人，不会锋芒毕露，相反，会很好地与周围人打成一片，融入集体的氛围中。比如对方持有的观点与你完全相悖，你需要大篇大论地与之辩论吗？需要说服对方接纳你的观点吗？千万不要让语言带有攻击性，当你的语气神态开始有了情绪起伏的时候，就会在不经意间说出伤人的话，与其因为三言两语闹得不愉快，不如干脆管好自己的嘴巴，从而也就管好了自己的情绪。

管好情绪，从管好说话开始，让说出去的每一句话都得体。

2. 不说伤人的话

　　古人说："良言一句三冬暖，恶语伤人六月寒。"不要小看言语的影响力，尤其是负面影响，可能你无意说出去的一句话，会像一把尖刀扎在对方心尖上，让人痛不欲生。或许，对方还要强忍着不舒服，勉强维持着基本的礼貌。

　　说者无意，听者有心。这句话有两点启示，第一，不要低估三言两语的"破坏力"，你无心的几句话，可能就会成为别人的心头刺，所以在说话之前，尤其是负面的话，一定要思考一下，能控制住不说就尽量不要说；第二，不要拿"无意"当借口，为口不择言导致的伤害辩解，毕竟大家都不是三岁小孩子，作为成年人要是连自己的嘴巴都管不住，别人完全有理由质疑你的个人能力和素养。

　　有些人与最亲近的人相处，往往说话会不过脑子，气话脱口而出，压根不考虑后果。你知道亲人会无条件包容你，所以肆无忌惮，但这是最值得反思的地方，为什么把好脾气都给了别人，却把不耐烦给了家人？不要把亲人对你的爱和理解变成你"作天作地"的底气，你要为那些情绪失控的瞬间感到愧疚。

　　有些人在单位是出了名的好脾气，但回到家大门一关，分分钟就变成了暴脾气。老周最近在单位遇到一些麻烦事，但又要装出一副无所谓的样子，可一旦在妻子面前，他的情绪全都堆在了脸上。

妻子知道他心情不好，想方设法让他开心，最近正赶上换季，就打算给他置办几件新衣服。妻子中午顾不上午休，就直奔附近商场，给老周里里外外买了一身衣服，回到单位都没来得及吃饭就到了上班的时间。下班回到家，她把新衣服拿给老周，让他快去试试合不合适，本以为他会因此高兴，哪承想一番好意换来的是一通抱怨。

老周拖着疲惫的身体回到家，看见妻子兴致勃勃地拿出一堆新衣服，第一反应就是生气。他对妻子大嚷道："天天就知道买买买，买东西不需要花钱吗？我赚钱很容易吗？一点儿都不知道省钱过日子。"听了老周的话，妻子生气地回击道："这个家不是只有你在赚钱，而且我不仅要工作赚钱，还要照顾一家老小。再说了，我这钱是给谁花的？是给我自己吗？你说这话也太没良心了！"老周冷哼一声，说："你那点儿工资也叫工资？那点儿钱够你自己花吗？你也好意思说自己赚钱！"这一番话让妻子无言以对，原来这么多年来，自己在丈夫心中就是如此形象，气得要和老周离婚。

三言两语不多，却可以让一个人伤透心，你说完确实痛快，自己的情绪得到发泄了，但对方也会因为你的一时口快而备受打击。但你也只不过是一时的痛快，之后的残局还是要自己去收拾。

作为父母，不要打着"我是为你好"的旗号，说一些会损伤孩子自尊心的话。

小美有个上小学的儿子，平时在学校没少捣蛋，让老师非常头疼，隔三岔五就要把小美请到学校进行一番长谈。面对老师，小美只能赔着笑脸，承诺一定会严加管教。回到家，她把儿子叫到身边一通责骂，说他是没出息的小孩，说他只会吃和玩，说他比其他同学差远了……话里话外，将儿子说得一无是处。

而作为子女，也不要仗着自己比父母懂得更多，就忽视父母的感受，说一些让他们伤心难过的话。

小丁今年 30 多岁，父母也都是年过半百的人了，父母两个人对新鲜事物的接受能力比较差，好多手机软件都用不习惯。小丁从事互联网行业，工作比较忙，有时候接到父母的电话也只能长话短说。一次，父亲想学一下网上购票，奈何不知道怎么注册账户，就给小丁打电话咨询，小丁一开始还有些耐心，但父亲问题一多，他的耐心值开始急剧下降，不耐烦地说了句"你咋这么笨啊"。

周国平说："对亲近的人挑剔是本能，但克服本能，做到对亲近的人不发脾气，是一种教养。"越是对待亲近的人，越要管好自己的嘴巴，控制好自己的情绪。心直口快的前提是，说那些中肯、客观的话，而不是任凭自己的想法随意输出负能量。

尤其是夫妻之间，原本就是荣辱与共的关系，但是许多人在恋爱时懂得甜言蜜语，可结婚后却完全忘了当时的浓情蜜意，说起狠话来句句戳心。

阿凯和阿琳是大学校友，恋爱三年步入婚姻殿堂，但婚后经常为一些鸡毛蒜皮的小事争执。有一次，阿凯气愤极了，直接嚷道："我真是后悔娶了你这个泼妇！"这句话让阿琳当时就决定离婚。实际上，阿琳平时也没少说狠话，比如"你真是窝囊废""你也太没出息了""你就这么窝囊一辈子吧"……阿凯说得最多的则是"我真是瞎了眼娶了你"，久而久之，两个人的感情在一句又一句的狠话中消耗殆尽。

两个人能不能携手一生白头偕老，很重要的一点就是"嘴下留情"，或许有的人能接受"刀子嘴豆腐心"，但更多的人是不能接受的，在狠话面前，人们能感受到的只有愤懑。

除了当面交谈，背地里也不要"嚼舌头"，聊天可以畅所欲言，但不要拿别人的隐私做谈资，更不要暗地里说别人的坏话。你的那些怨气和不满，可以通过更合适的方式去疏解，而不是在当事人不在的场合去宣泄。

天底下没有密不透风的墙,你以为都是交心的朋友,所以说些交心的话,但人心隔肚皮,更何况朋友和敌人或许都会在一瞬间转变身份。不说不代表忍气吞声,而是找到合适的方式、恰当的场合去说,避免祸从口出。

大可以试想一下,对于那些喜欢背地里说坏话的人,你是什么态度?当你成为那个"嚼舌头"的人,别人又会如何看待你?

赞美可以人后说,但批评和埋怨要么不说,要么当面说,做一个坦诚的人。尖锐的话要软着说,用对方能够接受的方式去表达你的想法;冰冷的话要带点儿温度去说,人都是感情动物,但凡多用心就更容易获得理解。

3. 要善于倾听

大家向来认为能说会道是本事，大多数人也都在追求提升自己说话能力的道路上，专注于研究说话的艺术，但其实，善于倾听也是一种本事。光会说不会听，就容易造成沟通不畅，甚至带来矛盾。哪怕是古代的帝王，也会为了倾听民意而微服私访，足见倾听的重要性。

被誉为"日本经营之神"的松下幸之助，他的一生是奋斗的一生，从学徒到总裁，所付出的努力，所体现的能力，都是一般人难以超越的。在面对"请用一句话概括经营诀窍"这个问题时，他的答案是要仔细倾听他人的意见。

有人会觉得，在别人说话时，我们是在认真听啊，这有什么值得大书特书的。实际上，能够真正听得进去别人说话内容的人并不多，大家都是自以为听懂了，但却并没有过脑子，或是自以为听见了，不过是左耳朵听进去、右耳朵冒了出来。不善于倾听就会错失彼此沟通的机会，也会影响彼此的理解，当信息不畅的时候，矛盾也会随之而来。

在戴尔·卡耐基看来，"在实际生活中有些人之所以会出现交际障碍，就是因为他们不懂得遵守一个重要的原则：让他人感到自己重要"。善于倾听，是彼此交往的一种态度，所传达的信息是"我很尊重你"，对待别人说的话，你可以认同或者不认同，但你最好不要选择拒绝沟通。

尤其是作为管理者，如果不善于倾听，必定不会受到下属的拥护，因为他把彼此相互沟通的渠道堵住了。而作为朋友或是亲人，不愿意倾听的话，就会让彼此产生距离，这个距离不是指身体上的，而是指心灵上的。

有实验统计，一般人思考的速度为每分钟1000～3000个字，说话的速度为每分钟120～180个字，而听话的速度要比说话的速度快约五倍。如果一个人能在一分钟内讲150个字，那么他就可以在一分钟内听750个字。你看，耳朵是如此重要，倾听也是如此重要啊。

如果想成为善于倾听的人，有以下六点建议。

第一，要去思考对方的真正意图。对于这一点，是最容易做到但也是最容易被忽略的，因为有些人在阐述自己的想法时，碍于种种原因或自己的考量，总是喜欢委婉而非直接，所以表达出来的内容未必是表面那层意思。

举个简单的例子，女朋友跟男朋友说"我渴了"，这看起来很简单，就是在说她口渴。如果男朋友只是把这句话理解为简单的陈述，那就大错特错了。因为这句话的背后，是女朋友希望他能够去给她倒一杯水。

第二，话要听全，别急着发表看法。不要在别人还没有充分表达个人看法时，你就要急着打断对方去发表自己的不同意见。与其因为理解不全面而产生歧义，不如等他彻底表达清楚自己的想法，然后再去一一沟通。

比如有人喜欢欲扬先抑，或者欲抑先扬，前面说的就不是最想说的，看起来说了一堆，实际上真实的想法并没有说呢。如果你这个时候就记着辩解，那就是白白耽误工夫，搞不好就直接跑题了，最后应该沟通的内容没说清楚，却又扯出了不少其他问题。

第三，说话时目光直视对方。麻省理工学院研究网络心理的教授雪莉·特克尔认为，人们正面临着一个重大的选择，因为我们离不开自己的手机，所以即便是在交谈过程中，注意力仍旧放在手机上，而非与我们交谈的对象上。如果想要一个好的谈话效果，就安安稳稳坐下来，不东张西望，不低头盯着手机，而是将目光锁定在对方身上，认认真真地去听。

第四，多引导对方说出真实想法。对方是带着目的在表达，我们也应该带着目的去抛出问题，尽量通过问题来理解对方的真实意图。只有当我们真正了解了对方的想法时，才能避免误解，否则总是容易按照我们自己的想法去揣测对方的意思，最终酿成误会。

表达能力因人而异，就会有强有弱，有的人就是不太会表达，车轱辘话说了一遍又一遍，但却始终没说到重点上。再加上腼腆，不好意思直抒胸臆，那沟通起来就存在一定的困难。想要获得关键有效的信息，就需要我们多去引导，多提问题。

第五，要多方面搜集信息，而不是偏听偏信。不同的人会有不同的立场，不同的立场就会有不同的看法，这是很正常的事，但如果我们想要获得对自己有价值的信息，就不能只听一方的陈述，而是要倾听多方的表达，尽量多汇总信息，从而加以筛选甄别，得出更接近真实的信息。

尤其是面对负面的信息时，就更要多方打探。比如有人对你说，其他同事对你有意见，他们在背地里说你坏话。对于这样的情况，先别急着找他们"算账"，你可以单独找其他人了解情况，综合来看到底是怎么回事。或许，他们只是对某件事稍有不满，并不是针对你。你看，如此一来，你压根没有生气的必要了吧。

第六，赞扬的话要听，批评的话也要听。任何人都喜欢听到赞美之词，这是一种认可，也是我们的价值体现，对待批评则多少会有些介意。其实，不管是赞美还是批评，都要认真倾听，如果只选择听好话，而忽略批评和指责，那就会让我们趋于自满。只有二者都认真倾听，才是有效沟通。

苏格拉底说过，上天赐给人们两只耳朵和一张嘴巴，就是为了让人们多听少说。《哈佛商业评论》中也有一句类似的话，即"听是我们有待开发的潜能"，可见，倾听对于我们多么重要。

许多矛盾都是因为沟通不畅造成的，除了彼此表达存在问题之外，就在于我们不善于倾听。在各抒己见的时候，彼此都没有耐下心来去倾听和理解，而是抓住对方的漏洞就急着辩解反驳。原本是沟通，却慢慢变成了辩论赛，甚至一度升级为争执。

想改掉暴脾气，就先练就善于倾听的耳朵吧。

4. 幽默感化解暴躁

一个有幽默感的人，掌握着幽默的力量，面对逆境或是故意刁难，都能笑着应对。而且，懂幽默的人多半是一个好脾气的人，在他们身上，很难见到剑拔弩张的时候。

林语堂曾说："我很怀疑世人是否曾体验过幽默的重要性，或幽默对于改变我们整个文化生活的可能性——幽默在政治上，在学术上，在生活上的地位。它的机能与其说是物质上的，还不如说是化学上的。它改变了我们的思想和经验的根本组织。我们须默认它在民族生活上的重要。"

幽默所蕴藏的力量，绝对不可小觑，正如西方的一位哲学家所说，"幽默是我们最亲爱的伙伴"。通过幽默，我们可以看到这个人为人处世的态度和看法，看到他用良好的心态去面对负面情绪。

针对幽默感到底有多么重要，美国人曾经召集了1000余名管理者做了一项调查，结果在意料之中，其中有77％的人会在团队出现僵局的时候，借用笑话来扭转局面；52％的管理者十分认可幽默感所带给他的帮助；50％的管理者甚至认为有必要为员工带去愉悦感。可见，幽默感是工作中必不可少的，一个没有幽默感的管理者想要盘活自己的团队，似乎少了一种武器。同理，不管是管理者还是其他角色及其他场景，幽默感都是非常重要的。

在面对不乐观的情况时，人们就会变得紧张起来，焦虑感会随着时间的推移而加重，但如果这个时候能够运用幽默来缓解气氛，绝对可以驱赶负面的情绪，让紧绷的神经得到放松。

一次，工人们冒着倾盆大雨在卸货，每个人浑身上下都湿透了，有的人已经开始骂骂咧咧了，还有的人开始抱怨其他人干活效率低，所以才会赶上这场雨。眼瞅着气氛越来越不友好，工长乐呵呵地说："大家今天辛苦了，不如我们中午加一道菜吧，菜的名字就叫作清蒸落汤鸡。"大家反应过来之后，都哈哈大笑起来，工长的这句话不仅缓和了气氛，还提升了大家的干劲儿。

正如心理学家爱丽斯·M.伊森所说："心情愉快时，人的创造力更强。因此，不应该忽略为员工创造幽默、愉快的工作环境。"

萨拉也指出："'优秀'管理者使用幽默的频率是'一般'管理者的两倍多，前者是每小时17.8次，后者是每小时7.5次……我又统计了这20位管理者的年终奖，发现奖金数量和他们在采访中使用幽默的频率呈正相关关系。也就是说，管理者越幽默，他得到的奖金越多。"

惩罚就一定要给对方难堪吗？当然不是，即便是惩罚或批评，也可以通过幽默感来达到更好的效果。面对惩罚或批评，人们本能上是拒绝的，谁能做到真正的波澜不惊呢，心里多少会不舒服，情绪上也难免会低落。但是，如果能够加入一些幽默感，那么不但不会让惩罚的效果减弱，而且还能避免由惩罚所带来的尴尬和敌对气氛。

幽默可并不简单，林语堂认为幽默是一种机智，很多情况下，幽默甚至能够成为救场的法宝。

比如沃尔玛公司，尤其重视员工的工作环境，想尽办法创造愉快轻松的氛围，目的就是最大限度上调动员工的积极性，让他们施展自己的聪明才智。在 1985 年，亚拉巴马州一家分店的助理经理完全是因为自身的疏忽大意，导致下错了馅饼的订单量，一下子增加了四五倍，多做出来的馅饼又不能长时间放着，可一时半会儿又卖不出去。就在一筹莫展的时候，有人提议不如举办一场吃馅饼大赛。虽说是犯了错误，但幽默却起了作用，提供了一个绝佳的解决办法。最终，这次救场出乎意料的成功，直接变成了沃尔玛每年 10 月的第二个星期六的一大盛事。比赛场地就选在停车场上，而吃馅饼竞赛可以为公司带来 600 万美元的销售额。

假设没有这个幽默的提议，出现工作失误的助理经理可能会因此丢了工作，沃尔玛也会承担部分损失，还浪费了不少粮食，但一切又因为那个幽默的提议发生了变化，出现了截然相反的结局。

在日常工作中，存在着激烈的竞争，哪怕没有战场上的血雨腥风，但也处处都体现着不进则退。不过，人是感性动物，除了业务能力上的比拼，更重要的是人际交往的能力。一个富有幽默感的人，就能够凭借自己的亲和力增进与他人的感情。

有些不好直接说出口的意见或想法，但凡加一些幽默的表达，就能获得不错的反馈。如果是直白的论述，或许还会产生负面效果，彼此之间也许还会闹情绪、结梁子，但是如果换种态度，那么就会少了对抗性。不管谁是暴脾气，都能避免踩到他的雷区。

钱仁康说过："幽默是一切智慧的光芒，照耀在古今哲人的灵性中间。凡有幽默的素养者，都是聪敏颖悟的。他们会用幽默手腕解决一切困难问题，而把每一种事态安排得从容不迫，恰到好处。"认真来说，幽默对每个人来说都非常重要，能够调剂平淡的生活，给枯燥的日常加点儿乐趣；做大家的开心果，收获好人缘，开展工作也能更顺心；如果是团队的领导者，那么幽默感就是润滑剂，让上级与下级相处得更加和谐。

幽默，不是要刻意表现出滑稽的样子，适合每个人的方式都不同，但重点在于如何以幽默的方式去传达你的信息，并且能够让对方愉快地接受。俄国文学家契诃夫说过："不懂得开玩笑的人，是没有希望的人。"

当处在窘迫、尴尬的局面时，有些人就会耐不住脾气而直接爆发，这样做的结果就是让氛围变得更加紧张。但如果你能有点儿幽默感，就可能会轻松化解尴尬，不需要发脾气就能摆脱窘境。

日本的大平正芳认为："可以说幽默是能给人以微妙感的调剂生活的佐料。由于某种轻快的幽默，就可以使当时的气氛为之改观，使陷于僵局的悬案豁然解决。"的确，在许多重要的场合，幽默都成为一种软性的力量。

周恩来总理素来以机智过人且富有幽默风度著称，在一次记者招待会上，周总理向中外记者介绍我国所取得的建设成就。一个西方记者问道："请问，中国人民银行有多少资金？"周总理回答说："中国人民银行的货币资金吗？有18元8角8分。"就在其他人迷惑不解的时候，周总理解释道："中国人民银行发行的面额为10元、5元、2元、1元、5角、2角、1角、5分、2分、1分的10种主辅人民币，合计为18元8角8分……"他以巧妙的回答，不仅应对了西方记者的不怀好意，还没有泄露国家机密。

20世纪50年代，一位美国记者在采访周总理时，在他的桌子上发现了一支美国产的派克钢笔，随口问道："请问总理阁下，你是一个大国的总理，怎么还要用我们美国人生产的钢笔呢？"很明显，他是话里有话。

周总理听后，不动声色地回答："谈起这支钢笔，说来话长，这是一位朝鲜朋友的抗美战利品，作为礼物赠送给我的。我无功受禄，就加以拒绝，可那位朝鲜朋友说，留下做个纪念吧。我一听，觉得这件礼物的来历确实很有意义,就留下了这支贵国生产的钢笔。"此话一出,美国记者无言以对。

面对挑衅,你会选择直接怼回去,还是保持忍耐?前者容易造成更难以调和的矛盾,后者则会让自己处于进退两难的尴尬境地。其实,仔细权衡各种方式所产生的不同后果,选择幽默的方式回击会更明智。

5. 忍无可忍，可以直说

　　努力成为一个有包容心的人，没有错，只是不要对自己要求太高，试图包容一切，试图包容一世。所谓成熟，不是能够包容一切，而是懂得适时表达，忍无可忍，无须再忍，大可以直接说出来，否则要么憋出内伤，要么暴躁动怒。

　　如果从一开始就觉得不合适，千万别寄希望于以后会有所改变，用时间去验证结果，就是在浪费自己的生命和时间，而且害人害己。

　　几年前听到"相亲"两个字，还会嗤之以鼻，崇尚自由恋爱的年代，谁还会接受"相亲"呢？然而，现实的情况是相亲越来越普遍，成为年轻人走入婚姻的一个重要入口，七大姑八大姨凭借敏锐的眼光，为适婚年龄的年轻人物色相亲人选。在他们的眼中，凡是被他们选中的人是如此完美，值得你马上与对方步入婚姻的殿堂。盲目的推荐是不负责任的表现，如果恰巧你挣脱不开，稀里糊涂定了终身，注定会在某一天尝到苦果，悔不当初。

　　离婚率居高不下，是人心变了，还是感情变了？

　　2016年全国各级民政部门和婚姻登记机构共依法办理结婚登记1142.8万对，比上年下降6.7%。2016年依法办理离婚手续的共有415.8万对，比上年增长了8.3%。

　　对待结婚这件事，宁愿坚持潇洒单身，也不要一味妥协和包容。

有个女性朋友，算得上年轻貌美，28岁结婚，30岁离婚，用一段婚姻、两年时间认识到自己的错误。从一开始就不合适的婚姻，单靠一个人去妥协，注定会成为一段"血肉模糊"的回忆。她为自己的软弱承担了后果，也庆幸在而立之年能够从这段劣质的婚姻中解脱出来。

朋友和她丈夫是通过相亲认识的，脾气相投，十分投缘，唯一让她稍有不满的地方，就是他比较节俭，出去吃饭要挑能够团购的地方，看电影也要挑团购便宜的影院，喝瓶水也要货比三家。朋友本身是个大手大脚的人，凡是在能力范围内的吃喝玩乐从不含糊，所以有些介意他的节俭。但在父母眼里，对方是个会过日子的人，所以让女儿多包容、多理解。朋友转念一想，便认同了父母的观点，一个知道节俭的男人，应该是值得托付的。就这样，两个人走过短暂的热恋期，几个月后就结为夫妻。

婚后，丈夫的节俭让她崩溃，大事小情讲究省钱为先。一开始她还能安慰自己，认为节俭是一种美德，但是在后来的生活中，越来越让她难以接受，毕竟节俭过头就是抠门。他们并非经济拮据，但丈夫的节俭渗透在生活的每一件琐事上。朋友喜欢花，每月定期都会买一束鲜花送给自己，原本是一件有情调的事，在丈夫眼中却成了奢侈，是铺张浪费；朋友热衷于高端化妆品，每月支出不是小数，丈夫就看不过去，一直念叨着让她换成平价品牌；朋友热衷于健身，丈夫觉得去公园跑步既健康又省钱，没必要办一张昂贵的健身卡……一桩桩小事，让朋友彻底失去了耐心。

从一开始，两个人的金钱观就完全不一样，一个出手大方，一个爱财如命，朋友忽视了金钱观不同所产生的负面影响，单方面以为夫妻之间多些宽容和理解就能解决所有矛盾，殊不知，一时包容容易，但要做到长久太难。

与其熬到难以忍受的那一天，闹个鸡飞狗跳，还不如从一开始就不要掉以轻心。不要把婚姻失败的责任归咎于一个人，每个人都应该反思自己的过失。之前是"七年之痒"，如今一年、两年就是一个坎。由爱生恨，由欢喜的憧憬变成不加掩饰的厌恶，都值得我们重新思考。

在许多人的婚姻中，痛苦多于快乐，本着互相包容的原则，忍受着不满，还要不停蒙蔽自己，既然是夫妻就要懂得忍让。当一段婚姻出现无可奈何的时候，就意味着这段婚姻出现了不可调和的矛盾，结局往往是分道扬镳，而最受伤害的是孩子。

电影《无爱可诉》中，那个躲在浴室门后偷偷哭泣却又不敢哭出声来的孩子，成为婚姻矛盾的牺牲品。你的包容，要么委曲求全一辈子，确保你的婚姻完整，要么从一开始就不要随意包容，谨慎对待婚姻，是对自己负责，也是对未来的孩子负责。

别滥用包容心，有些错误是可以预知并且避免的。

找工作也是如此，没有十全十美的公司，但是如果从一开始就不能步调一致的话，任凭你有再大的包容心，最后被难为的人只能是你自己。与其被别人难为，不如从开始就果断放弃。

你不喜欢加班，就不要去加班如家常便饭的公司，面试的时候就要问清楚这一点，而且尽可能多方了解，不要等入职之后才恍然发现选错了公司，进退两难。别给自己找麻烦，也别给 HR 找麻烦。无法接受的东西，就不要勉强自己去接纳。

"退一步海阔天空"，但很多时候需要你一退再退，你可以接受退一步、退两步，那么你能接受无休止的退步吗？直到你头破血流、无路可退，你就会知道每退一步都是在纵容别人伤害自己。

有些事值得，那就不妨宽容以待；有些事不值得，那就从一开始就讲清楚；还有些事是发生之后才了解，忍无可忍就不要再继续忍了，人生苦短，没必要委屈自己装大度。关键就在于，你要选择合适的方式表达出来，对人对己其实都有好处。

6. 重压之下好好说话

压力到底是不是动力,并不是固定的,这取决于个人的心态和判断。雷锋说"有压力才会有动力,有动力才能坚持进步",对他而言,压力是促使他前进的力量源泉,所以在面对压力的时候,他才会表现得沉着冷静、不慌不忙。但是对一般人来说,压力是一种时好时坏的力量,当压力值恰到好处时,是可以鞭策个人进步的;但当压力值超出个人承受范围,就变成了枷锁,整个人被束缚着,就容易让情绪"变形"。

不是所有人都拥有超强的抗压能力,但是抗压能力越强,就越容易获得平稳的生活,越容易达成理想的人生。司马迁说:"文王拘而演《周易》,仲尼厄而作《春秋》;屈原放逐,乃赋《离骚》;左丘失明,厥有《国语》;孙子膑脚,《兵法》修列;不韦迁蜀,世传《吕览》;韩非囚秦,《说难》《孤愤》。"强压之下,顶得住就会有全新的成就,顶不住身心都将受到重创。

经验丰富的船长都会告诫船员,船在负重的情况下远比空载更安全,因为当船在装满货物时,船会因受到货物的压力而压入水中,凭借一定的吃水深度而最大限度上避免侧翻;而如果是空载的状态,则会因为没有压力而导致吃水深度浅,也就更容易翻船。

人也是如此,有一定的压力才会知进取、懂拼搏。19世纪美国康奈尔大学科学家做了一个"水煮青蛙实验",科学家将青蛙投入40摄氏度的水中,青蛙会在高温刺激下奋力逃脱。科学家再将青蛙放在冷水中,随后慢慢加热,结果则是青蛙在无法忍受高温时却逃不出来了。这个故事教会人们要时刻保持警惕,但换个角度来看,热水就如同生活中的压力,只有时刻被刺激才能时刻保持警醒。

为什么遇到同样的难题,抗压能力强的人能够耐住情绪,而抗压能力弱的人就会表现出急躁、慌张,甚至迁怒于别人?无惧压力,是因为信念笃定,遇事不慌,才能着眼于问题,将精力用来寻求解决之法,而不是忙着宣泄不满。

史铁生年纪轻轻就残了双腿,生存的压力如同大青石一般压得他喘不过气来。他也曾无奈失意过,也曾一个人摇着轮椅整日虚度光阴,甚至感到绝望。然而,也正是这些压力,使史铁生认识到:"死是一件无须着急的事,是一件无论如何耽搁也避免不了的事。"自此之后,他用顽强的毅力正视现实,给自己开辟了一条写作的道路,将自己从深渊里解放出来,最终实现了自己的人生价值。

晓晓和萌萌都是公司的实习生,两个人经历相同,但对待压力的心态大不相同。领导交给她俩同样的任务,对于新人来说难度较大,晓晓和萌萌也展现出了截然不同的状态。收到任务后,晓晓就变得心事重重,她向朋友抱怨,刚入职就接到这么难的工作,压力太大了,吃饭都吃不香了。萌萌则完全相反,对于这个颇有挑战的任务,她一副跃跃欲试的样子,遇到不懂的地方积极向其他同事求教,从无计可施到按部就班,很快就完成了任务。

午休的时候,萌萌问晓晓任务进展如何,晓晓愁眉苦脸地说还没有头绪,有很多东西都不知道该怎么办。萌萌便讲起了自己的经验,谁料晓晓将她的关心当成了炫耀,生硬地打断了她,直言不需要她的帮助,让她管好自己就可以了。萌萌没想到晓晓的态度如此不友好，便乖乖不再说话，默默回到了自己的工位上。

重压之下，心态难免会发生变化，要么迎难而上，要么尽早投降，既然开始就试着去调整自己的心态，不要被压力将情绪压到"变形"，导致口不择言说些不该说的话。

当承受巨大的压力时，说话有几点要加以注意。

第一，抱怨的话可以少说。在重重压力之下，任何抱怨都是多余的，没有任何积极作用。向朋友抱怨，除了让朋友变成"垃圾桶"之外，也没有任何好处，压力依旧存在，没有丝毫改变。类似"领导怎么能把这种难题交给我呢""我真是干不下去了，太累了""万一干不好可怎么办"……统统能不说就不说，实在憋不住想要发泄一下，那也要少说。

第二，着急的话可以慢慢说。发生紧急情况时，神经本来就是高度紧绷，虽然是非常着急，但是尽量慢慢说，不要急躁，否则事情说不清楚。尤其是和其他人合作的时候，尽量避免催促，少说"你快点啊""你咋这么慢呢""都是你耽误事"……如果需要督促其他人抓紧时间，不如放慢语速，把握好语气，控制好情绪。

第三，指责的话可以幽默地说。有压力的时候免不了紧张，尤其是在本来就很着急的时候，还有人办错事。但如果需要指责批评，那不如换个方式，比如用幽默的话语来表达不满，既达到目的又不至于让人难堪。

第四，没用的话可以不说。当下要紧的是解决问题，而一些话说出来也没什么意义，那就不如不说。尤其是翻旧账，把目前的困境归咎于其他人，想推卸责任，这样的话都属于没有用的范围。谨记"处世戒多言，言多必失"。

遇上针锋相对的时候，要一直互不相让撕破脸吗？其实大可不必，可以通过转移话题的方式，让"大战在即"的状态得到缓和。

如果你能将转移话题这一招运用得当，那么对控制情绪是非常有效的。

当你在交接工作时，看到对方不情不愿的样子，真是想咆哮几声。这个时候，千万别"一吐为快"，在双方剑拔弩张的时刻，有一方收不住就容易酿成一场争执。不妨找个其他话题，平稳过渡一下，稍后再继续交接工作，那个时候彼此都已经冷静下来，合作也会更顺畅。

老刘已经有10多年带团队的经验了，在调和团队情绪时，最常用的方式就是转移话题。比如在一次检讨会上，谁也不愿承担责任，都认为自己是无辜的一方，甚至是受害的一方。眼看着气氛越来越尴尬，老刘就会转移话题，从其他问题入手，缓和一下气氛。一次，大家的情绪都非常低落，老刘自己也是又着急又生气，为了避免破坏团队氛围，老刘抬手看了看时间，发现是下午三点多钟，便提议请大家喝下午茶，说完就开始行动，催着大家去选择自己想喝的东西。说起吃喝，大家自然欢快了起来，一下子就打破了僵局。老刘趁着这个时间冷静了下来，又重新思考了一下，接着解决问题去了。

转移话题是讲究方法的，不是说着一件事的时候，突然说起另一件事，这样会显得很突兀，让人摸不着头脑。下面就介绍几招转移话题的小妙招。

第一招，要自然。要结合当时的实际情况，比如临近午饭的时候，就可以提议先去吃饭，吃完饭再继续；比如想起其他要紧的工作，就可以通过一个恰当合适的理由转移话题；再比如拉其他人过来做挡箭牌，转移一下火力。

第二招，反问对方。当对方的枪口指向你的时候，你先别急着接招，通过反问的方式把矛头再转回去。人的思维都是有惯性的，经常是有问必有答，所以抛出问题，让自己得到喘息的机会。

第三招，不正面回答。话不投机半句多，如果你能判定自己要说的话一定会引起对方的反感，那不如暂时不说，或者换个方式说。既不能给对方火上浇油，又要给自己降降火气，那就别正面回答，婉转地去表达想法，不管是回击也好，辩解也好，都可以绕个弯子。

别跟自己的情绪对着干，明明已经很生气了，还把自己往火坑里推。所以，给自己转个弯，别非得往枪口撞上去。

正如但丁所说："语言作为工具，对于我们之重要，正如骏马对骑士的重要，最好的骏马适合于最好的骑士，最好的语言适合于最好的思想。"别将自己压力太大当作口不择言的理由，既然知道自己处在高压状态下，那就更不能随口乱说。嘴巴是情绪的出口，所以管好嘴巴，就相当于管住了情绪。

Part 8　摆脱暴脾气的调节术

暴脾气能不能调节？肯定是能，但是怎么调节，还得靠一些方式方法。既然要从自我开始入手，那就需要积极主动地调整自身的状态，不管是掌握一些拒绝的技巧，还是给自己营造安全感，都是需要自己一点一点去做的。能不能见效，就要看个人有没有真正落实到位。

1. 学会拒绝

不想让生活有那么多烦恼的话，就要学会拒绝别人，学会在适当的时候说"不"，这是值得谨记在心的处世秘籍。与其答应下来暗自痛苦，不如爽快拒绝，就会减少许多烦恼。可惜许多人懂得这个道理，但却很难做到。

助人为乐是一种美德，但是如果以践踏自己的原则或者违背自己的意愿为前提，那这份善心大可不必，本质上是对他人的纵容，而对自己则是一种伤害。自己给自己挖坑，这难道不是个笑话吗？

该拒绝的时候，大可以直接坦率地说"不"，没必要犹豫甚至不情愿地接受。作为成年人，应该树立自己的观点和立场，比起他人的需求，更应该关注自我感受，在必要的时候用拒绝去捍卫自我。这不是自私，而是作为一个独立的个体，应该具备捍卫自身权益的能力。

己所不欲勿施于人，己所欲也勿施于人，对待别人也是如此。在别人看来，找你帮忙是举手之劳，但只有你自己知道，你消耗的时间和精力要远比一声毫无诚意的"谢谢"来得重要。拒绝别人的不情之请，或许会让对方觉得你不讲情面，但是为了自己考虑，拒绝就是比接受要来得舒服。

乐乐是个自由职业者，个性独立，为人也洒脱。但最近因为婆媳问题犯了愁。起因是婆婆希望能过来照顾她坐月子，但乐乐希望请月嫂或是去月子中心。乐乐知道婆婆是一番好心，老人家喜欢孩子，是非常愿意过来帮忙的，但是乐乐认为初为人母，还是请专业的人来照顾比较好，自己和宝宝都能得到专业贴心的服务，而且能减少婆媳矛盾，免得到时候因为看孩子这件事吵架。乐乐的妈妈劝她不如就听婆婆的，没必要因为这件事拒绝了婆婆的好意。

最终，乐乐架不住大家的劝说，答应婆婆来照顾月子，可婆婆来了之后反而给乐乐的生活增添了许多烦恼。乐乐咨询了医生是否可以洗头发，医生说在保证室温、水温合适的情况下是可以的。但婆婆却死活不同意，坚决认为月子期间洗头发会落下病根，为此两个人闹了不愉快。关于喂奶，婆媳也是争执不下。乐乐奶水不够，所以混合喂养，但婆婆却坚持给她做各种油腻的汤汤水水，以此帮她增加母乳。乐乐每次都不想喝，可婆婆每次都软磨硬泡让她喝下去，这让乐乐十分不开心。月子做完之后，婆媳关系也到达了历史冰点，双方都揣着委屈，私底下没少抱怨对方。

直到孩子稍微大了一些，婆媳关系才有所缓和，但之前的矛盾还是记在心里。几年之后，乐乐怀了二胎，婆婆又提议说过来照顾，还信誓旦旦地说自己已经有了经验，但乐乐坚决要求请月嫂，直接拒绝了婆婆。婆婆没办法，只好听乐乐的。请了月嫂之后，乐乐才发现坐月子原来可以如此快乐，后悔当初没有坚持自己的想法。

你会拒绝别人的请求吗？大多数人在面对他人的求助时，都会不好意思拒绝，心不甘情不愿地答应下来。

小孙最近喜上眉梢，不仅订了婚还买了新车，可以说是人逢喜事精神爽。朋友小赵听说他买了新车，便想借来开开，因为最近要回女朋友家提亲，自己还没有新车，想着借小孙的车去撑面子，等提亲回来马上还给他。小孙内心是非常不愿意的，自己新买没几天，着实不舍得借给别人，况且自己提了车之后答应每天接送女朋友上下班，要是借给小赵，小赵开去外地至少要三四天。本来想拒绝，但想到小赵之前没少帮助自己，借车也不算什么大事，所以勉强答应了下来。

事实上，车是不能随便借给别人的，因为一旦出事，车主也要承担一定的责任。小赵开走小孙的车之后，出现了轻微的剐蹭，这把小孙心疼坏了，这可是自己人生的第一辆车，自己还没开几天，就从新车变成了"旧车"，想生气又不好意思表现出来。小赵自知理亏，赔偿了一笔钱之后再也没联系小孙，看着小赵的这种态度，小孙更加生气。

如果一开始小孙就能拒绝小赵，也就不至于有后来的不愉快。可是世上没有后悔药，事已至此，只能当作一个教训，提醒自己以后该拒绝就不能犹豫。

有些人不喜欢公司团建，但又不好意思拒绝，都不想做那个"不合群"的人。可是去参加的话，自己的时间就会消耗在没必要的交往中，大家在一起恭维领导，时不时要听一下领导的教导，时不时又要向领导及其他同事敬酒，一顿饭吃下来比上班还累。

许多人不喜欢借钱给别人，"借钱容易还钱难"不是个别现象，把钱借出去之后，能不能按时收回来就是个问题。但是别人开口借钱都是遇到了困难，有些人觉得不借的话，自己良心上过不去。但是你想过自己没有，你手头宽裕吗？你借出去之后能保证自己不惦记吗？

许多人也不喜欢帮别人打杂，但是同事向你求助，你会拒绝吗？明明自己还有一堆工作要加紧处理，但还是说不出拒绝的话，只能勉强自己答应下来，随后自己加班加点干。可最后换来的是同事轻飘飘的一句谢谢，而自己付出的远比同事想象的多。

人际交往是门学问，不是说你想拒绝就直截了当地拒绝，这不是不可以，但尽量要讲究方式方法。语言千变万化，同样的话用不同的方式说出来，就会表达出完全不同的意思，也会带来不同的效果。

如果直接触碰了你的底线和原则，那么可以不用纠结，直接拒绝即可。可是生活中多是那些微不足道的小事，那就要学会委婉的方式，这样才能不影响人际关系，又能达到自己的目的。

拒绝的艺术，其实也是语言的艺术，你要加入恰当的情绪，通过呈现不同的态度来说出"不"，比如恭维、客套、商量、缓和、自嘲、含糊等，其实就是把你的拒绝包装一下，不要拒绝得那么生硬，以免让对方不舒服。

不必依靠牺牲自己来讨好别人，你的热情和时间应该用来武装自己，当你足够优秀的时候，自然会有同样优秀的人去靠近你。

拒绝没有那么难，只要你过了自己心中的那道坎儿，学会尊重自己，听从内心真正的想法就可以。懂得拒绝，才能少些纠结，少些不痛快，情绪才能平和。

不要让自己变成懦弱的人，让别人觉得你好欺负，所以一直"剥削"你，逼迫你。对于不能接受你拒绝的人，也不值得你与他深交；不懂得体谅理解你的人，更不值得你委屈自己。

毕淑敏说："拒绝是一种权利，就像生存是一种权利。"可惜，多数人忽视了这项权利。

多数人不愿意在下班之后被工作继续打扰，但又不敢拒绝。中国人讲究人情世故，最不擅长的事情就是表达最真实的感受，羞于说爱，更羞于说"不"。在多数人的潜意识中，拒绝就意味着对抗，不仅会破坏人际关系，还会损坏个人形象。所以，当下班之后需要继续工作时，哪怕有万分不满，也不会轻易说出那个"不"字，往往是一边工作，一边暗自抱怨。

你想要拒绝，就不要再苦笑着接受。一个人是否足够成熟，就看他是否能够自如地拒绝别人的请求。多少人因为说不出"不"字，让"朝九晚五"的工作无形之中变成了"朝九晚九"的工作。

不想被勉强，就要学会说"不"。回到家收到同事的微信"召唤"，你是抑制着反感回复，还是直接无视？十有八九是前者，因为无视的代价是被指责"不负责任"。召唤你的人，不会考虑你是否方便，更不会有任何歉疚。

小林下班后约了朋友聚餐唱歌，正是尽兴的时候，同事一通电话打了过来，小林犹豫了一下，还是找了一个稍微安静的地方摁了接听键。对方言简意赅，通知他回公司干活。他答应得痛快，心里早就开始反感了。没办法，只能中途退场，放下麦克风，回公司打开电脑加班。

往往造成我们不快乐的，是因为我们自己想不开。下班回家还要工作？这简直要人命，这是我们在收到同事微信后的第一反应。而后，负面情绪开始蔓延，甚至一度难以调和，一边忙活着一边向好友吐槽抱怨，直到彻底交工心情都难以平静。自我情绪调节不畅，对我们自己来说是一场灾难，许多人对此不重视，任由坏情绪吞噬自己，只能说活得不够明白。别人牺牲我们的时间，而我们牺牲自己的心情，改变不了别人，那就改变自己。时间和好心情，总该保住一样。

想要捍卫自己的私人时间，那就要学会拒绝。

2. 接纳被拒绝

　　前面我们讲了要学会拒绝别人，从我们自己的立场出发，去看待拒绝这件事。得出的结论是我们可以拒绝，也应该拒绝，这完全是我们的权利。现在反过来看，我们也要接纳被拒绝，因为我们能说动自己去拒绝别人，就应该说服自己接受被其他人的拒绝。

　　当然，每个人都是很介意他人对我们的评价和态度的，到底是认可还是否定，这直接影响着我们的心态，甚至对自我的认知也会来源于其他人对我们的看法。所以，如果对方拒绝了我们的请求，多少会觉得不舒服，甚至觉得难堪，以至于发脾气。

　　其实，我们首先要认知一个观点，即对方有权利拒绝你的任何请求，哪怕在你看来是举手之劳，对方也完全可以说"不"。对于我们来说，既然开口求助，自然是希望对方能够答应我们，哪怕我们明明知道自己的请求有些过分，也会对他人抱有期待。

　　这个时候最好的办法就是换位思考，如果我们是对方，有人向我们提出这样或那样的请求，我们觉得为难的话，是接受还是拒绝呢？有的人会说，自己就不会轻易拒绝别人，担心别人会恼羞成怒，最后闹得朋友都做不成。也有的人会说，但凡能够帮忙的事情都会尽力而为，不会随便拒绝别人。所以，当我们提出需求的时候，也希望对方能够像我们这样用心地去提供支持和帮助。

但是，有一个很重要的前提，你是你，他是他，你们不是一个人，也不共享一个大脑和思维，所以我们不能按照我们的想法去要求别人。可能你为了帮忙，宁愿牺牲自己的时间，推掉很重要的个人活动，但这就是对的吗？所以，不要将别人的情分当作理所应当，被拒绝之后，如何消化自己的情绪则是自己的事情。

要学会拒绝，更要学会接受拒绝，至于如何做到释怀，是值得探索的人生智慧。当我们能够做到随心所欲地拒绝，或是坦然面对被拒绝后的情形，人生也会因此变得更舒服一些。

勇于面对被拒绝，首先要做到坦然面对自我，只有对自我坦然，才能由内而外地接纳被拒。每个要强的人，为了寻求帮助，而向他人展现自己的脆弱无助时，是非常需要勇气的。当鼓足勇气说明来意之后，如果换来的是拒绝，就等同于希望破灭，对整个人的打击是很大的。但是，如果我们能够敢于接受拒绝，也就相当于保护了我们的自尊心。

不用觉得不好意思，我们拒绝别人是常事，被别人拒绝也是如此，完全不必放在心上。不仅不要因此而失落，反而更应该积极面对，与其靠天靠地，都不如靠自己来得稳妥。如果自己实在无能为力，那也不要因为一次被拒就心灰意冷，大可以去其他人那里问问，"东方不亮西方亮"，千万别因为一次被拒就结了梁子。

小孙前阵子跟同事吵了一架，原因很简单，就是因为小孙邀请同事们一起聚餐，但是其中一个同事以自己有事为由拒绝了。后来在饭桌上，小孙就对其他到场的人说，叫他一起是看得起他，谁知道他不识抬举。话里话外全是对同事的不满，尤其是酒过三巡之后，说话更是无所顾忌，说了不少那个同事的坏话。第二天，那个同事就跑来质问小孙，为什么要在背后抹黑他。起初，小孙还嘴硬，理直气壮地说自己什么也没说，但在同事的坚持质问下，小孙也不得不承认。

　　两个人吵得热火朝天，谁也不服谁，小孙脾气上来，又把昨天的话原封不动地重复了一遍。这下可好，两个人你一言我一语地越吵越凶，最后闹到总经理都知道了，把他俩叫到办公室了解情况。让总经理吃惊的是，本来就是芝麻大点儿的小事，也至于闹成这样。总经理决定直接取消两个人的晋级名额，并且年终奖减半，因为他们的所作所为已经给公司造成了负面的影响，尤其是给团队带来了不和谐的因素。

　　一次拒绝而已，至于吗？有些人就觉得这不叫事儿，而有些人则恰恰相反，觉得伤了自己的颜面。但是你想一下，到底是被拒绝伤颜面，还是在众人面前发生争执伤颜面？只要你不把被拒绝当成一件尴尬的事，那就不会有人笑话你。

　　对待感情也是如此，表白被拒是太正常的事情了，世界上有很多两情相悦，但也有太多单相思，被拒后恼羞成怒，甚至做出伤天害理的事情，这本身就是一种病态。

　　小周在情人节当天，准备向自己暗恋许久的"女神"表白，他精心准备了礼物，还请朋友帮忙布置了表白的现场，看起来浪漫极了。可是当他询问女孩愿不愿意做他的女朋友时，女孩没有犹豫一下直接拒绝了他，并且表示自己已经有喜欢的人了，但这个人绝对不是小周。这让小周尴尬极了，他一直以为自己的努力已经能够得到女孩的认可，但没想到只是感动了自己，而女孩只是把他当成比较要好的朋友。

　　了解女孩的朋友都知道，女孩一直都有意识地与小周保持距离，就是因为知道小周心仪自己，所以非常注意自己的言谈举止，唯恐让小周会错意，从而耽误了他。如今当面拒绝了他，以为他可以认清事实，大家以后和睦相处，还可以是好朋友。但小周却不这么想，他认为女孩就是在考验他，所以之后仍一而再再而三地表白。可每次都被拒绝，一气之下小周竟然想方设法找到了女孩领导的联系方式，添油加醋地描述了女孩是一个多么不正经的人。好在领导第一时间联系了女孩，在了解事情的经过之后，并没有理会小周。

感情是不能勉强的，俗话说"强扭的瓜不甜"，不是两情相悦的感情，就等于没有根基，风一吹就散了。你有喜欢他人的权利，他人也有不喜欢你的权利，千万不要因爱生恨，彼此各自好好过，而不要因为爱而不得就失去了理智，做出些不齿的事情。

汪国真说："拒绝别人一定要委婉，因为没有人喜欢被拒绝；被别人拒绝一定要大度，因为拒绝你的人总有他的理由。"如果害怕被拒绝，不如就把这句话牢牢记在心里，大度地面对拒绝，因为拒绝你的人一定有他自己的考量和理由，这是你无法干预的。

3. 简化生活，少即是多

生活应该越简单越好，少即是多，而不是越来越复杂。学会简化生活，坚信"浓处味淡，淡中趣长"，从简单之中找寻生活的快乐，减少身上的负累，心情也会跟着舒畅起来。

日本山下英子是一名杂物管理咨询师，她在 2009 年推出《断舍离》一书，提出了一个观点："断等于不买、不收取不需要的东西，舍等于处理掉堆放在家里没用的东西，离等于舍弃对物质的迷恋，让自己处于宽敞舒适、自由自在的空间。"

断舍离到底有多难，似乎女生比较有发言权。月月买新衣服，但仍会在换季的时候觉得没有衣服可穿，对满衣橱的衣服视而不见。每次收拾衣橱的时候，才会知道自己到底有多少衣服，但也不是每件都会穿得到，想扔掉又不舍得。最后的结果就是，衣橱塞得满满的，但仍烦恼自己无衣可穿。

小月就是这样的女生，明明不停地在买衣服，却经常抱怨自己没有合适的衣服穿。仔细观察她的衣服不难发现，衣服款式各异、颜色五花八门，单从这一堆衣服来看，根本看不出来她自己的风格。有网红款，有爆款，还有一些大众款，质量也参差不齐，有些甚至还有好多线头，一看就是廉价货。粗算下来，总价也不算低，但只能以量取胜。

一次，闺蜜来小月家做客，说起自己最近在做断舍离，给自己的衣橱"瘦身"，把一年到头都穿不了几次的衣服全部打包，还有那些款式、颜色都不再适合自己的衣服，统统整理出来，直接捐给了公益组织。同时，还给自己立下了一个规矩，以后买衣服要注重质感，宁可花三件的钱买一件，也不能花一件的钱买三件。虽然衣橱里的衣服变少了，但是质量却提了上来，自己的气质也越来越好。

生活也是如此，要求质而非求量。康德曾说过："所谓自由，不是随心所欲，而是自我主宰。"能够把控自己的生活质量，留出经营生活的时间，有品质地生活，而非简单地活着。

试着抽时间给自己的家做一次"断舍离"，舍弃并不需要的东西。你可以问自己，我真的需要吗？我真的会用到吗？尤其是在准备花钱购入某一样物品的时候，也要反复问自己，尽量不做无意义的消耗。不如省下金钱，去买自己真正需要且喜欢的东西。

简化生活，摒弃浮躁的杂念及习惯，重新构建简单且充满趣味的生活，从抛开杂七杂八的社交开始，让自己的时间和精力花费在自己真正热爱的事物上。之前喜欢四处结交朋友，那么就可以试着减少这种意义不大的社交，留出时间去亲近自然，去收拾屋子，去探访亲朋。

很多时候，我们自以为是在维系友情，实则不过是无效社交。

老张是个喜欢结交朋友的人，"多个朋友多条路"是他的人生格言，所以但凡有聚会就一定要参加。可是聚会多了，回家陪伴家人的时间就少了，妻子要照顾生病的老人，孩子也正是需要父母辅导功课的年纪，但老张一心想着经营自己的朋友圈，希望以此提升自己的含金量，从而能够为妻儿创造好的生活条件。但结果却不尽如人意，他的朋友确实多了，但也错过了妻子和儿子最需要他出现的时刻，他自以为是在为家庭付出，实际上只是自己的一厢情愿。当孩子择校需要帮忙的时候，老张还以为终于可以向朋友求助了，但问了一圈，没有人能够帮他。

去结交真正优秀的朋友，那些能够真正引领你的人，而不是表面朋友或是酒肉朋友。

想要一个轻松的生活，就要保持身心健康，这是美好生活的基石，如果没有强健的体魄，一切都无从谈起。俗话说"有啥别有病"，只要没病没灾就已经是非常幸福的人生了，这比其他饱受疾病折磨的人要幸运太多。

"没啥别没钱"，一句简单的大白话，但也确实有一定的道理。学会理财，养成定期储蓄的习惯，财务无忧，就能减少许多烦恼。比如贫贱夫妻百事哀，没钱就注定会面临一系列难以解决的问题，有问题却不能及时解决，久而久之就形成矛盾，让生活变得处处是坎坷。此外，要经营事业，有一份让自己为之骄傲自豪的工作，从中收获成长和充实。试着清心寡欲，试着减少信用卡的使用，尽量避免超前消费。

欲望无休无止，如果将一生都用在追逐欲望上，自己也就变成了欲望的工具，迷失了自我，也就白白来人世走一遭。我们对未来充满憧憬，似乎在不远的将来，那里有我们所渴求的一切，所以心朝着远方不断前行。其实，不如将遥不可及的未来暂且放下，把当下的每一天放在眼前，过好每一个今天，那每一个明天也不会辜负你的认真。

越简单，越幸福。这绝不是一句空话，许多人为了买一袋盐走进超市，但就在去买盐的路上，拿了薯片、可乐等一堆零食，看见牛奶打折促销，又把成箱的牛奶装进了推车，最后除了盐还没买，就已经买了一堆本来没有写在计划清单上的东西。

这是一个真实写照，是我们的日常生活，也如同我们的人生。

现在超市里的商品种类越来越多，纷繁复杂，我们很容易被迷住双眼，根本不清楚自己到底想要什么。人生路上走走停停，走了那么久、那么远，还是会感到迷茫。这就是因为我们想要得太多，而最终却没搞懂自己到底要什么。

有个人听说沙漠之中暗藏宝藏，就准备了行囊来到了沙漠。然而在沙漠中找了许久，连宝藏的影子都没看见，眼见带来的水就要喝完了，自己却还没走出沙漠。就这样，这个人又在沙漠走了几天，水也喝完了，只能等死。就在他生命垂危的时候，出现了一个精灵，给了他足够的水，并给他指引了走出沙漠的方向。

就在快要走出沙漠的时候，他竟然发现了宝藏，为了尽可能多装宝藏，他舍弃了一些水，可走着走着，水又不够了，最终他抱着一堆宝藏永远留在了沙漠里。

生活要多做减法，减去没有意义的关系，减去无所谓的物，让生活越来越简单。世界复杂，但你可以选择简单。你要掌控自己的生活，而不是被生活掌控，比如简化选择，即便有无数种选择，未必都有意义。

要学会给时间做计划，时间宝贵且有限，想清楚什么时间该做什么，减去没有必要的行程安排，真正由自己来掌控节奏，是进是退，要做到心里有数。除了以上提到的人生经验，要抛开不必要的担心，给心情解压；要养成新的习惯，比如试着听书，来节约时间；要告别拖延症，缩短战线，速战速决；要不必纠结于细节，避免因此变得不堪重负。

简化生活，才能收获更好的生活，有了更好的生活，你才会拥有更平稳轻松的心情。有舍才有得，不舍不得，小舍小得，大舍大得，这是一种哲学。

4. 换个角度看问题

换位思考，或许不能解决实际问题，但对于你自己而言，是调整心态的秘诀，能够突破我们理解世界的认识，重新定义我们自身存在的意义。

一个盲人受邀到朋友家做客，饭局结束后，朋友给了他一个灯笼，盲人很生气，他认为朋友是在故意嘲笑他。但朋友解释说，给他这个灯笼不是为了让他看见别人，而是为了让别人能看见他，这样一来，其他人看见了也就不会撞到他了。

不同角度，也就会有不同见解，通过了解其他维度，才能让我们不局限于自己的思维模式中。

假设你有一个女儿，到了谈婚论嫁的时候，你会希望男方多给些彩礼，这样才算重视自己的女儿；希望男方能够买房买车，房产证上最好加上女儿的名字；最好不用女儿做家务，并且掌握家里的财政大权。如果你有一个儿子，那你则希望少给些彩礼，毕竟需要买房买车，到处都需要钱；你希望儿媳妇操持家务，让儿子能够得到好的照顾；你不希望房产证上写儿媳妇的名字，因为你觉得房子是你买的。

同样是结婚这件事，为什么想法会差这么多呢？就是因为所处的角色不同、位置不同，所以你看待事物的视角也就不同，从而得出不同的看法，本质上是以利己为准。

体谅别人的不易，宽以待人。以第一视角看待身边的事，只会看到自己的苦与乐，但如果你能够试着用第二视角、第三视角去看待周遭的人或事，就能够最大限度上消除自己的狭隘和片面。

换位思考是一种人生智慧，不求你做大善人，更不是为了给其他人找犯错的理由和借口，而是从更全面的角度看待利弊得失。

在现实生活中，许多人处处瞧不起别人，比如那些一心只想升职加薪的人，觉得他们丢失了生活的乐趣；比如那些要求男方有房有车的人，觉得她们不懂爱情，太过物质；比如那些当全职家庭主妇的人，觉得她们浪费了自己的学历和能力，围着锅台转而放弃了自己的理想……有太多人和事，是他们看不上眼的，但如果换位思考一下，你会发现他们的难处。

那些一心忙工作、求加薪的人，背后是七老八十的父母和嗷嗷待哺的孩子，专心赚钱是为了给家人创造更好的生活环境；那些对未来婆家有要求的人，就是不希望未来的生活没有基本的保障，两个人结婚是为了更好地生活，而不是为了去体验贫苦生活；那些家庭主妇为了家庭心甘情愿地放弃自己的工作和理想，是为了自己小家的正常运转。

他们何错之有？每个人都有自己的追求和考量。

在日常生活中，插队是每个人都厌烦的事情，尤其是你着急的时候，看见插队的人简直像见了苍蝇一样。一次，小岑和朋友在自动取票机前排队取票，前面已经排起了长长的队伍。这时，有位着急忙慌的大哥想插队，因为准备乘坐的车次马上就要开车了，所以想赶紧取票。有人嚷嚷道："又不是不知道开车时间，怎么不早点出来？"也有人小声嘀咕："只有你着急吗？谁不着急啊？"还有人默不作声，但悄悄往前站了站，不想留出让他插队的空隙。

小岑看他一脸着急的样子，便让他站在她的位置上，自己走到了队伍的末尾。等待期间，朋友打听到了他为什么会这么着急的原因，原来是他在来火车站的路上，司机师傅突然觉得不舒服，不得不在路边休息了一下，他不放心，还叫了120，等把司机师傅送上救护车，他才另外叫了一辆出租车赶过来，所以耽误了时间。

遇到这样的情况，值不值得享受一下"特权"？换位思考一下，如果我们因为助人为乐而耽误了自己的事情，会不会希望其他人能够给予一定的谅解？答案是肯定的，如果做了好事却要承担风险，那我们会不会觉得委屈？

贪婪、嫉妒、傲慢、自私、懒惰，是人类共有的天性，如果你能够意识到这一点，知道自己的气愤来源于以上天性，也就能够冷静许多。

拿破仑·希尔有许多著作，如《成功规律》《人人都能成功》《思考致富》等，他是现代成功学大师和励志书籍作家，美国总统伍德罗·威尔逊和富兰克林·罗斯福都深受其影响。他创造了全新的成功学，有千百万人受其鼓舞，因此他被称为"百万富翁的创造者"。

一次，他需要招聘一位秘书，便在多家报刊上刊登了招聘广告，不久就收到很多求职信。大多数人在信的开头都会这样写，自己看到报纸上招聘秘书的广告，希望可以应聘这个职位，然后介绍一下自己的年纪和学历，最后承诺如被选中，一定会兢兢业业。

拿破仑·希尔对这些信件都不感兴趣，他甚至打算取消招聘秘书的计划，直到他发现了这样一封信，信中写道："您所刊登的广告一定会引来成百乃至上千封求职信，而我相信您的工作一定特别繁忙，根本没有足够时间来认真阅读。因此，您只需轻轻拨一下这个电话，我很乐意过来帮助您整理信件，以节省您宝贵的时间。您丝毫不必怀疑我的工作能力与质量，因为我已经有 15 年的秘书工作经验了。"

在他看来，这位应聘者懂得换位思考，她能够站在他人的立场上看待问题并进行思考，从而能够真正帮助解决问题，所以一定能够胜任秘书一职。

《了不起的盖茨比》里有一句话："在你想要评判别人之前，要知道很多人的处境并不如你。"将心比心，是一种素养。

在一个农户家，有一头猪、一只绵羊和一头奶牛，它们都被关在一起。一天，农户将猪抓了出去，猪顿时大叫起来，并且拼命反抗。绵羊和奶牛在一旁不耐烦地说："我们被抓走的时候都是安安静静的，你怎么叫这么大声？"猪无奈地说："抓你们是为了要毛和奶，抓我是要我的命。"

我们受限于各自的知识储备及眼界，所以看待问题就会千差万别，可能就会像这个故事一样，面对同样的事情，各自却有不同的看法。所以，换位思考并不是易事，但我们可以通过改变自己的意识来接纳这件事。

5. 距离产生美

"远香近臭",说的就是距离产生美。人与人相处,不管是什么关系,都应该保持合适的距离感。是越亲密越好吗?不见得,想要维系一段长久的关系,要亲密有度,再亲近的关系也要懂得彼此的界限在哪里。

和而不同,求同存异,亲而有间。孔子云:"君子和而不同,小人同而不和。"

两只刺猬在冬天里,会偎依在一起取暖,但是如果靠得太近就会被各自的刺弄伤,只要保持一定的距离,就既可以取暖又可以免于被刺伤,这就是"刺猬法则"。人类也正是如此,群居在一起,彼此抱团,互相扶持,甘苦与共,但前提是要保持适当的距离,如此一来才会让相处变得更和谐。

讲原则,懂分寸,有底线。作为截然不同的个体,我们依托不同的思维方式和处事习惯,如果能够做到不轻易评判别人,也不被别人的评判影响,就是一种自我保护了。

小李和小王是从小长到大的朋友,关系一直很铁,不管是上学的时候还是步入社会,两个人都是彼此坚定不移的支持者,毫不夸张地说,他俩不分彼此,你的就是我的,甚至可以共享彼此的秘密。这段令人羡慕的友情,却在小李结婚后发生了变化。小李结婚后,小王经常来小李家蹭饭，要不就是过来找小李打游戏，一开始小李的妻子还欣然接受，准备好酒好菜招待小王，看他俩约好打游戏就自己在一旁看电视。

慢慢地，小王把小李的新家当成了自己的家，经常不打招呼就直接过来，这让小李的妻子十分不满。她不止一次跟小李提起过，希望跟他的朋友说一下，能不能少过来几次，每次他一来，自己就得靠边站，这到底是谁的家。小李却不以为然，他认为自己的家就是好朋友的家，只不过是来吃个饭、玩玩游戏，有什么大不了的？

一次，小王又来小李家蹭饭，小李的妻子故意没有准备饭，而是跟姐妹约着出去逛街了。小王是个明白人，大概了解了情况，意识到自己的行为确实已经打扰到了小李的生活，决心要把空间让出来。有了边界感，小王和小李夫妻俩也相处得越来越好，也避免了新婚小夫妻因为他而吵架闹别扭。

夫妻之间，即便是相守一生的人，也要保持一定的距离感，给彼此留出足够的空间。

晓丽和老公大维是大学同学，因为有着共同爱好而彼此吸引，毕业就选择了结婚，可以说有着很深厚的感情基础。晓丽有个闺蜜叫小文，一次两个人约好逛街，从早逛到晚，逛完商场再去吃午饭，吃完午饭再继续逛街，逛累了又去做美容，之后又安排了下午茶，一直玩到了晚上。

一天之中，小文虽然一直在逛街，但每隔一会儿就要给老公打个电话或者发个信息，除了汇报自己的行程外，就是问老公在干什么。晓丽好奇地问她，这么频繁的联系，不会觉得烦吗？小文回答说，她自己不觉得烦，但是她老公觉得很烦，但又一直忍耐着，否则她就会跟他吵架。为了避免夫妻俩闹别扭，所以小文的老公一直忍着。小文反问晓丽："你出来一天，也不跟老公说一声吗？你老公也不知道打电话问问你在干什么?"晓丽微笑着说:"我们俩不像你们俩那么黏糊,他只是中午发信息提醒我好好吃饭,顺便问了一下晚上有什么安排,需要他来接的话要提前打电话给他。"小文又问道:"那你不好奇你老公在干什么吗?"晓丽说:"不好奇,他有什么安排都是他的自由,放假当然是想干什么就干什么,又不归我管。"

晓丽和老公的相处模式,让小文大为吃惊。实际上,小文就是过于干涉老公的自由,夫妻不分你我,但也是独立的个体,如果控制不好这个度,哪怕是最亲密的人也会感到厌烦。值得庆幸的是,小文有一个懂得忍让的老公,如果是其他人,或许就总要吵架了。

各自有不同的兴趣爱好,各自有属于自己的交际圈,彼此欣赏即可,然后享受各自的自由。

朋友最近有个烦恼,就是自己的生活总是被婆婆打扰,让她不胜其烦。原来,朋友和婆婆住在一个小区,离得近确实有不少好处,比如小两口可以不用自己做饭,随时去都有饭吃,但也是因为离得近,所以就会出现不少矛盾。比如在周末,好不容易睡个懒觉,但是婆婆就会过来送早饭,老人家有钥匙,就这么直接推门进来,放下早饭还要打扫卫生。对婆婆来说,这一切原本可以不做,但为了照顾他们两个,心甘情愿过来操持一切。可对于小两口来说,这就是在打扰他们的生活,让他们没有完全独立的空间。

在很多时候,我们就会不经意间突破彼此的界限,还自以为关系过硬,所以一切都是理所应当。但实际上,是我们过于把自己当自己人,高估了自己的地位。

同事最近在和男朋友闹别扭,吵着要分手,你自以为一番好心,就不停地开导人家,说些自以为对的大道理。其实,这就是一种过界的行为,我们在不知不觉间开始掺和对方的私事,还以为是一番好意,却从来没有考虑对方是不是真的需要你的苦口婆心。

君子之交淡如水。把握好分寸，守护好自己的领地，也避免触碰他人的私有范围。之所以要保持距离感，也是为了保持舒适度。

对于有些人腼腆的人来说，遇到自来熟的人是一种幸运，能有这样一个人打破沉默的尴尬，也就减轻了腼腆者的社交压力。但对于一部分人来说，自来熟的人过于主动，根本原因或许就在于他们缺失了边界感，不合时宜地高谈阔论，以及过度寻求关注，或是过度关注他人。

从热情之人的角度，他们是出于善意，而非恶意；从喜欢安静和独处之人的角度，或许就是一种社交负担，被迫表现出很熟悉，不得不配合着嘘寒问暖。

6. 给自己安全感

安全感，是一种渴望稳定、安全的内在精神需求，一方面来自内心，一方面来自外在事物带给我们的感觉。

拥有安全感的人，因为有着内在力量的支撑，所以情绪更加稳定，给外界的感觉像是一颗小太阳，温暖自己也能温暖别人；缺乏安全感的人则沉沦在惴惴不安之中，敏感多疑且情绪起伏不定，他们更多的是需要外界送来的温暖，释放出来的感觉是孤独的。

在弗洛伊德精神分析的理论研究中，最早提出了"安全感"这个概念，他假定"当个体所受到的刺激超过了本身可以控制和释放能量的界限时，个体就会产生一种创伤感、危险感，伴随这种创伤感、危险感出现的体验就是焦虑"。弗洛伊德认为冲突、焦虑、防御机制等都是由个人幼年及成年阶段某种欲望的控制与满足方面缺乏安全感造成的。

你一定常听别人说起"安全感不能靠别人，要靠自己"这句话，因为只有自己能够为自己掌控，也只有自己所创造的安全感最为可靠。其他人或许能够让你一时安心，但能够承诺你永久的唯有自己。

第一，创造坚实的物质基础。

一个口袋里有钱的人大概率会比穷困潦倒的人拥有更多的安全感，他不为基本的生计犯愁，也无须处处苛待自己，生活安稳给他带来了基本的安全感。

第二，维系足够坚固的感情。

父母是我们最坚固的后盾，但父母终究会老去，会转由我们照顾，所以除了父母之外，爱情和友情是支撑我们的重要力量。虽说多个朋友多条路，但人这一生能拥有三五知己已经足够，他们能够与你同喜同悲，会为你的成长而感到由衷的高兴，也会为你的落寞感到万分的伤心。在异地他乡，有朋友在就有依靠，或许只是一个电话、几条微信，都能给予我们帮助。有朋友在，你会感到自己不是孤身一人。

比起友情，爱情会更贴近我们的内心，恋人会陪我们直到终老。一个好的爱人，不仅能够提供爱情的甜蜜，还能承担亲人、朋友等角色，满足我们的情感需求，让我们有勇气直面未知与挑战。

第三，认清自己的位置和角色。

对于父母来说，我们是宝贝疙瘩，受尽宠爱；对于朋友，我们是值得信赖的人，彼此扶持帮助；对于爱人，我们一方面受到了呵护，一方面也要承担照顾对方的责任；对于同事，我们是可以并肩作战的伙伴。因此，在不同角色中，我们要认清自己的位置，有了对自己清晰的定位，也就能够坚守角色的责任和义务。

例如，你想从一个并不熟的朋友那里获得帮助，那就要清楚，你们的关系并非如此亲近，对方有充足的理由拒绝你。你明白了自己的重要程度，也就不会去奢求一种本就不属于的"优待"。当遭到拒绝或冷落时，这并不是你的错，而仅仅是你们的关系没到位。所以，就不要从一般关系中寻求安全感。

第四，经营自己，撑起自己的安全感。

为什么明星会有如此众多的追随者？因为他们光芒万丈，除了天赐的相貌外，能歌善舞、多才多艺……在他们身上，是诸多美好特质的集合，所以他们才会得到粉丝的喜爱。普通人亦是如此，当我们足够优秀的时候，自然能够收获他人的青睐。

你足够优秀，你就不会担心公司裁员，因为你对公司来说是很重要的人才；你足够优秀，你就不会担心对方不够爱你，因为你可以选择爱他，也可以选择放弃；你足够优秀，就不用担心自己没有朋友，谁都会被优秀的人吸引，从而积极地与你产生联系。

第五，接纳自己，相信自己。

有时候，不安感就来自自卑感，认为自己不值得被爱、被重视，所以小心翼翼地去接触外界，凡事缩手缩脚，唯恐自己做得不够好。

人无完人，每个人都有缺点，相对应的，每个人也都有优点，你要做的是认清自己从而扬长避短，而不是揪着自己的缺点自怨自艾。一个自卑的人，也是最先否定自己的人。不妨接纳自己的缺点，同时多关注自己的优点，大胆一些，勇敢一些，去尝试自己未曾尝试的事，给自己一个机会，或许会有意想不到的结局。

第六，安全感来自你的认知。

著名散文家、学者梁衡在著作《人格之上》中，提到了他认为在社会立身的三项资本或者说是三种魅力，第一种是源于先天的外貌，包括体格、姿色；第二种是知识技能和思想，这需要后天的修炼；第三种，则是人格，他认为这完全是一种独立于"貌"和"能"之外关于思想和世界观的修炼。梁衡说："你可以貌相不惊，才智平平，无功可炫，无能可逞，但在人格上却可以卓然而立，楷模万众。"

这可以指导我们创造安全感，如何在社会安身立命，无貌无才的话，还可以修炼我们的人格，由内而外地给予自己力量，让自己成为自己的支柱。

你要确信一点，能够从他人那里获得的安全感是不牢靠的，倒不如依靠自己去打造专属于自己的安全感，让自己给自己撑腰，给自己底气。唯有如此，谁也无法难为你，谁也夺不走你内心的安稳。

7. 做个乐天派

保持乐观心态，你会发现许多问题都将不再是问题，你也不必为此生气、烦恼，心情也就豁然开朗了。你的心态决定了世界给你的感受，一个乐观豁达的人，遇到困难会迎难而上；一个悲观消极的人，遇到坎坷则会缩手缩脚。同样的境况，乐观的人向前看，悲观的人则困在迷茫中。

乐观的人坚信"祸兮福所倚"，所以面对眼前的困境，他充满斗志，相信困难只是暂时的，未来依旧充满希望；悲观的人则信奉"福兮祸所伏"，哪怕处在顺风顺水的情况下，仍旧对一切担惊受怕，唯恐下一刻就会失去所拥有的一切。

《自然》杂志曾宣布了一项研究结果，有约32％的人天生拥有一种基因变异体，正是这种变异体让他们更长久地保留消极经历的记忆。此外，消极的情绪也会被无限放大，因此有些人天生悲观。

除了天生的悲观者外，还有一些受后天的影响而形成的悲观者，比如在外貌、家庭、教育等方面远不及众人，从而更容易否定自我，又无从倾诉的话，就会越陷越深。当悲观成为一种习惯，也就形成了消极厌世的性格。

有的人天生消极悲观，但乐观情绪是可以后天培养的，只要你想，改变也就没什么不可能。

第一,往好的方向想。如果目前的情况超出了我们的掌控,先别急着悲观,全面掌握信息后,做力所能及的事,积极应对要比消极怠工强。当你每迈出一小步,或者每解决一个细小的问题,其实都是在向成功慢慢靠近。

想象你在考场上,遇到的第一道大题就不会,会不会很慌?两种性格也就会两种情绪的变化,乐观的人会迅速跳过这道题,继续做下面的题;悲观的人则开始发慌,瞬间变得紧张起来,开始担心下面的题也不会。这就是为什么面对坎坷,乐观的人看到的是机遇,悲观的人看到的是挑战。

第二,保持大度。经常会苦恼的人,多数时候是过于挑剔,他们看不惯周围发生的事,所以觉得处处不顺心。让你大度绝对不是要你忍气吞声,大度的前提是得到了足够的尊重,对于不懂礼貌的人,保持合适的距离,免得被他影响心情。

如果别人犯了错,你能包容他的错误,这就能够最大限度上避免了自己生气。不要揪着别人的错误不放,不要斤斤计较。退一步海阔天空,退的那一步是为了给自己留出更多的余地,不把这条路走死。

第三,发现美好。世界上最宝贵的阳光和空气,因为不需要任何费用,多数人也就忽视了它们是如此重要。同理,在我们身边,存在着许许多多被我们忽视了的美好,而眼之所及全是我们讨厌的人或事,如此一来,情绪自然也就无法昂扬起来。

有人抱怨自己打拼多年却一事无成,有人埋怨遇人不淑被玩弄了感情,有人哀叹自己一身才能却无人赏识……有太多不满和牢骚,但生活不止于此,你的生命中一定存在着值得珍视的东西,只是你被悲观蒙蔽了双眼,暂时忘记了它们的存在。

第四,懂得感恩。《增广贤文·朱子家训》记载:"滴水之恩,当涌泉相报。"就是一点儿小恩小惠也要加倍偿还报答。

常怀一颗感恩之心，用感恩的眼光看待周遭的事物，自然能够乐观起来。

《禅者的初心》中有这么一句话："柔软心就是一颗柔顺、自然的心。如果你能有这样的心，就能享受生命的欢乐；如果你失去它，就会失去一切。尽管你自以为拥有什么，实际上你一无所有。"

保持一颗柔软的心吧，整个人也会柔软起来。